U0044363

牧樂新宇宙物理體系

程洪軍　著

華 品 文 創

目次

CONTENTS

| 推薦序 |　　王若飛

牧樂新宇宙物理體系
人類首次發現宇宙的形狀！

　　閱讀牧樂關於宇宙形狀，物質總規律及五大猜想定理有感。仔細閱讀牧樂論文好幾遍，有豁然開朗的感覺。原來很簡單的道理自己為什麼沒有想到呢？又有多少世界級的科技專家也沒能發現呢？可能大家都在專注研究眼前的問題。而牧樂先生卻是一個旁觀者清？所以走了另外一條近道。或者他就是一個「外星人」？

　　一個空箱子和一個裝滿石頭的箱子，品質是相等的！一杯空氣的質量是無限大的，這簡直不可思議。然而當年哥白尼說地球是圓的，誰又會相信呢？所有人認為地球下面的人會掉下去。正因為如此常人無法理解。

　　「一個木箱子，裡面裝滿了土豆，就再也裝不下什麼了。這是一般人的思維」。然而牧樂確信木箱子永遠都裝不滿。這是為什麼？牧樂先生說：放在箱子裡的東西永遠都會有空隙。我們可以放一些玉米，再放一些小米，再倒入一些水，再放入一些更小的微粒子，電子、夸克等等。只要裝入的東西越來越小，就會永遠不停地裝下去，木箱也不會滿。當木箱放大的時候就把星球和星系裝進去了。還有比星系更大的粒子，再把這一箱子的「東西」倒出來，進行大小一一排列，進行分段式地切割，於是得到了無數個粒子空間。這就是牧樂所表達的宇宙形狀和空間。當把所有的比我們小的粒子放回箱體的時候，原來箱子的質量是一個常量：無限大。從此顛覆了原來的很多物理定理。

　　正所謂：越是簡單明瞭的解釋，越是真正明白了事物的本質！

　　牧樂先生經過對易經的總結和補充，發現了物質運動的總定理。並推導出宇宙所有的物質都是粒狀的組合體。

　　牧樂先生能夠把整個宇宙的形狀描畫出來了。這已經遠遠超過了，當年哥白尼的地球圓形之說，比他更偉大！而且還發現了物質存在的形式和物質運動總定理，已經形成了自己完整的一套物理體系。這將是世界科技史上最大的里程碑，照亮了科技前沿領域的道路。

五大猜想互相貫通，如一台CT機一樣，將所有的宇宙未解之謎和愛因斯坦的相對論，解釋的連一個死角都沒有。對易經、哲學、神學、人體特異功能、宇宙的暗物質、黑洞、宇宙大爆炸等等，都一併成為了唯物的科學。不得不説是瞬間照亮了人類和整個大地。

比如：人們在觀察量子現場的時候，只要一看它，它就會有變化，不去看它，它又一個樣子。按照牧樂理論解釋就很簡單了，只不過是人的意識微粒波干擾了它。

按照牧樂理論的證明，人的意識是未知物粒的運動。那麼所謂的社會意識形態，就全部歸納為物質的運動。易經當然從哲學轉正為物質規律了！

再比如：按牧樂理論的推導，靈魂也是未知的物粒組合體。那麼神學從此不再是神話了。佛學和世界各教派，真正成為了前沿科技學，成為人類有待于開發的模糊、邊緣科目。當發現微粒無限細化存在的時候，當然人類的頭上周圍一定還有未知的器官。正如古人所説：頭上三尺有神靈。

假如人類的眼睛如果停留在只能看見X光，人類的成像就是一堆在動的骷髏，也就見不到我們現在的肉身形象。如果人類的眼睛更先進，看到的人類形態一定是同現在不一樣的，就會看到另外一些器官。因此醫學應該向更小的微粒研究，一些疾病才能得到徹底治癒。

牧樂的「雙手對稱實驗」，讓人震驚的是意念會改變手的長短，而且旁邊的人也能改變你手的長短，每一個人都能做到，這多出來的部分手指就是體內的靈魂。這一驚人的發現説明人的意識是物質的，即靈魂是物質存在於我們體內的。而且還會離開體內到別人的身上去，即能改變別人的命運。因此如果大眾都喜歡你或者討厭你，即祝福或者詛咒你的時候，絕對是有效的。所以人應該做好事，別人都會祝福你，你的身體才能健康。得民心者得天下、得快樂、得健康。好事做的越多，你的身體才越健康。長輩對晚輩的影響也會很大。即宗教信仰的規律將得到了證實。人絕對無欲的時候，就能做到「通靈」。所以人在平常的時候，慾望越少，越聰明，不犯錯誤。原來所有的各領域偉人都多少具有「通靈」的本領。

總之讀完了牧樂整片論文，為之一振。無論是人類的未解之謎，還是我們身邊的事，統統被解釋的一乾二淨。再過幾百年、幾千年，甚至幾

十、幾百萬年。人類永遠會記得是一個叫牧樂的中國人，首先發現了宇宙的形狀和總定律。2020年必將成為人類文明的分界點。這個偉大的分界時刻和地點，就發生在當今的中國。總之，牧樂定律必然會促進並影響未來的科技，甚至發生科技時代的大爆發。必將讓世界充滿了愛，讓各民族、各教派和諧統一。讓自然界成為淨土，讓世界再無戰爭。因為，宇宙物質運動的總規律出來了！所有物質的存在形式知道了！宇宙的形狀知道了！生命的本質和源頭找到了。

我們不要再懷疑特異功能是迷信了，也不要懷疑神學了。一些奇特自然現象抓緊時間投資研究，誰先研究出來，誰先受益啊！一個國家，一個民族科技、經濟、軍事領先啊！

歷史上曾經有過多少次和多少人，當你還在懷疑、嘲笑中，人家已經出結果了。你又晚了三春，比如他講的「微化包裹快遞」，已經有人在實驗室裡快研究出來了。

存天理，去人欲，格物致知，歷史告訴我們落在後面的民族，都是因為不願意接受新鮮事物，這關係到未來民族的生死存亡啊！事實的存在不會因為你認知不認知而存在。

人類幾千年來，眾多不同時代、不同民族和宗教的預言。同時指向在這個時代將有一位偉大的科學家出現，將徹底改變人類的命運。古老的瑪雅預言「彩虹戰士」，翻譯過來不就是程洪軍嗎，早有人預言的那個聖人，拿著三字真經講學（宇為二物，二物相對，互補新生，即宇宙的總定律）。這三字經也符合周朝姜太公《乾坤萬年歌》中提到的，「兩人相見百忙中，治世能人一張弓」。宇宙總定律的軌跡圖確實像一副古代弓箭，二物相見互補、互相追逐就會新生。說的就是兩人相見百忙中，《五公經》中講的「寒門草堂外，名在目中藏」也確指牧樂的出身及名字，即不在官府，也不在學府，也不在廟堂，只是一個草民。還有「溪邊耕田人」，他住在本溪，就在溪水旁和森林中。傳說在海上的生活與在歐洲的等待，他經常在海南三亞，也確實在歐洲等待了一段時間。以及20世紀占星預言家珍妮.狄克遜在水晶球中看到的東方聖人是1962年出生。她所見的場景，上帝送來了一個男孩的時間是1962年2月4日。九個月後他就出生了，他的生日是1962年12月19日。她指出美國將衰敗，西方只是代表事物的終結，東方才是世界的希望。中國是被神選中的國家，沉睡的雄獅將醒來，中國將崛起。但中國是一頭溫順的雄獅，構建人類命運共同體，一張藍圖繪到底。唐代的「推背圖」中「好把舊書多讀到，義言一出見英明」，他的理論確實來至古老的中國傳統文化，儒釋道、易經和諸子百家。還有俄羅斯的火星男孩說這個人已經出現，而且不但是科技，其它什麼都優秀。還有16世紀法國預言家諾查丹瑪斯說這個時代東方將有聖人出現。世界各國和不同時代的所有預言都指向了他。預言中的概率是有限的，然而不同時代、不同人、不同國家的預言完全指向了同一件將要發生的事，這種概率幾乎是百分之百了。能預言的人在牧樂宇宙論中的解釋是很簡單的，即在各個單位粒子空間中的時間不同，有人能夠穿越各空間，所以能夠看見未來將要發生的事。

總之，要想萬教歸一，必須有著獨特的、足夠大的理論，能夠觸動生命的本質，撼動各宗教的根基，更何況現代的文明遍地都是博士，一般的理論是無法讓人信服的。

當我問他：你的理論會傳遍整個世界嗎？他如釋重負地說，但願人們早日覺醒，早日發現和應用這一理論，因為到那時，人們知道了生命在宇宙裡是無限的。人死後還會在另外空間中存活，地球上的存在只是暫時的。人在這個空間中就沒有太多的慾望了，人自然就善良了，人類世界才能走向和平，環境才能得到保護。越早一天，就會挽救很多人的生命，減少很多悲劇的發生，所以希望這一天早日到來。我已經完成了我的著作。我要休息了，我將永遠隱去。我問為什麼？他回答：我已經完成了我的使命，剩下的時間是屬於我個人了。我將融入自然界。

我看著他消失在森林裡的背影，我非常地慶幸，在他即將消失前，我見到了他。一個偉大而普普通通的人。

眼望滿天的繁星，茫茫的宇宙，神秘無限，未知無邊。忽然想起牧樂所描述的，我們在一個大宇宙人的體內嗎？如果是真的。這個理論豈不是把天都捅了個窟窿！不對，應該是把宇宙捅了個窟窿啊！

| 前言 |

萬仗高霞亂雲埋，偶逢殘壁紫薇開。
東方盛處飛白雪。天下文明花更來。

人類世界無論是中國還是國外，各大教派以及相隔上千年的預言，同時指出在這個時代，中國將出現一個引領世界意識形態的聖人。他的理論將動搖世界各大教派的根基，將統一各教派，使人類永遠走向和平。

自從有人類以來，已經幾百萬年的時間了。懵懂的人們仰望蒼穹始終不得其解。

我們到底是誰？從哪裡來？又將回到哪裡？

面對有限的牛頓定律和愛因斯坦的相對論。

面對我們身邊和宇宙發生的奇妙之事，始終得不到滿意的解釋。

神靈是物質存在的嗎？人類已經步入了21世紀；依然戰爭不斷、疫情蔓延，真理你在哪裡呢？

人類歷史上有眾多偉人，他們的理想是讓人們和平共存，讓人們向善。人善才能載物，然而都未能如願。因為只要人心存有欲望，就會不擇手段，不會有太大的善念。當人們知道了生命的本質，知道了宇宙的根本，知道了古老宇宙中，早就有著無數的生命體存在，地球上的人類只是無數中的一部分，人死後還會存在於另一個世界。人類只是在有限的、空間和時間裡的暫留，也就不會有太多的欲望，自然會向善傾斜。只有宇宙觀的改變才能真正改變人的三觀。人類共同的價值觀就是對所有生命體的尊重。這裡的生命體指的是生物、植物、靈魂。

　　我最大的享受就是過上無憂的平民生活。我只是想把我知道的一切，告訴人們。從此生命學、神學、哲學，已知科學、未知科學，將全部歸為自然科學。無神論徹底消失，各教派的信仰將被統一。我已將生命的起源和終結徹底參透。當知道了宇宙與生命的本質，人們必將向善歸去，世界必將走向大同。將我所知廣播於天下才是我的目的。之所以我的書名標出紫微的名字，是為了更早一些把理論傳播出去。讓人類早日擺脫困境和痛苦，讓人類與大自然和睦相處，讓世界和平早日到來。

　　因此，人們不必嫉妒我，我只是完成上指下派的使命罷了。上蒼絕對不會讓我號令天下或如眾星捧月，那樣我將被天收命！知其文尊其道而非人也。

　　我終於明白上蒼為了讓我完成任務，讓我受盡了人間之苦！我還沒有享受人間煙火。因此，此書出版後，我將隱于山林，雲霧無蹤，不再顯世。我將餘生享樂於天然之間。書中還有一些錯字和病句，我已無力無心去修之，歸去已隱矣，請諒之。

對酒當知曉，朝夕人即老。若有再來生，還我童歡笑。
大雨落瓦頂，瀟瀟窗漏風。農夫夢舊故，唯餘草木聲。
鳥入溪林山欲靜，禪房落日悄無聲。
蒼海無數由暮色，一道晚霞戀西風。

|自序|　牧　樂

　　我是1962年12月19日出生。母親說我出生時身上長了很多毛髮，由於我長的非常漂亮，母親說她餵奶的時候會長時間地看著我，因而留下了頸椎病。我有六個姊妹，父親最喜歡我，特殊地優待我，常給我買最好吃的東西，出差回來給我買最好的玩具和衣服，經常帶我到眾人面前顯擺，因為我確實長得漂亮。

　　然而這種幸福感為時很短，父親是一位化工機械師，只要告訴他化工工藝和產量，他只用一把焊槍，就能把機器做出來，並且保證生產出的品質合格。當時他每月薪水九十多元，在那個年代稱得上是富有的人。1970年因自行加工了幾台電動機，賣給農村的生產隊，犯了投機倒把罪，被判有期徒刑五年。那年我九歲，從此我的幸福戛然而止，隨著母親和姊妹被迫下放到農村，在農村的生活所吃的苦及抬不起頭被人欺負，就不用說了。有一次上山採野菜，因為越過界到其它村莊山頭，被人打了一個大嘴巴，從山上滾落山下，連筐帶菜都被搶走了。在農村上小學時，有一次回答老師的問題，因為一時興奮舉了雙手，被老師打了十幾個嘴巴子，臉部非常疼痛，哭得像淚人。還有一次別人偷的玉米特意讓我拿著，然後向生產隊長彙報，把我抓到了大隊部，母親信以為真，還認為我偷了東西，進屋就給了我兩個大巴掌。在我少年的心裡還有著更多的陰影：母親徹夜不能入睡，滿地煙頭和母親的唉聲歎氣、眼淚————。養成了我少年時就躊躇滿志。

　　在我十幾歲時，走在田埂上，聽到廣播喇叭裡科學家陳景潤説到，宇宙中不可能有宇宙人之説；我就想人類只不過知道一點點銀河系的範疇，那麼銀河系以外呢？再以外呢？宇宙會永遠無限地延長啊？怎麼可能確信無宇宙人呢？在農村生活了九年，農活之苦盡受盡知。直到鄧小平落實政策，父親被平反了冤案，我們才又回到了城裡。學習成績優秀的我因為家境貧困，母親只能讓我上機校讀書。

　　畢業後分配在本鋼當上了軋鋼工，那是三十年代國外的半自動設備，二噸多重的鋼錠加熱以後，來回地穿梭在軋機和滾道上，工人用一個大鐵叉子，把軋出來的鋼條立起來，再對準軋機導軌，讓鋼條再軋過去。工作時需要手疾眼快，腳踏在轉動的一排滾道之間的間隙中，隨著鋼條跑動，當鋼條被軋機咬合住以後，需要快速放開鐵叉，稍有不慎就會出傷亡事故。上千度的紅鋼，夏天高溫炙烤難熬，冬天紅鋼過去，又冰冷下來，滿身的油污、污水，頭戴安全帽、身穿大骷髏小眼子的棉襖，腰系麻繩，破衣爛衫，空氣中充滿了強烈的噪音，鐵末與灰塵，鼻孔和耳朵眼裡全是黑色的灰塵。尤其到了夜班又困又累，整整幹了三年。後來在加熱爐又幹了二年，這是我人生最苦、最累、最無奈的地獄般的生活，可以説比勞改犯還難熬。

　　低層的職工素質特差，非打即罵，魚肉強食，我當然成為了被欺負的行列，嘗到了被人圍毆、鄙視的苦難。又受盡了失戀的強烈折磨，本來躊躇滿志，眼見著遙遙無期的未來，無比的沮喪。身高一米七九的我，瘦到九十幾斤，後來有一天，看到牆上貼著單位教育科的通知，職工可以考電視大學，而且帶薪學習。我沒有念過高中課，也從末學過英語，於是我拼命地自學，僅僅花了46天的時間，幾乎不分晝夜的學習，終於考上了電視大學。1986年，我學到二年的時候，當時下海經商成為趨勢，我感覺到未來已經不是文憑學歷的時代。於是沒等到畢業就開始幫助別人經商，1991年辭職，剛開始賣膠捲、彩擴、煙酒、茶蛋、冰棍兒、汽水，什麼苦都吃了，但比在工廠輕快。而且一天就等於一個月的工資收入，所以樂此不疲。我終於結束了人生的無為、無望、無奈的等待，踏上了經商的旅程。

三十年的經商經歷有如走過了一座座火山，所有的人生磨難應有盡嘗，流氓的侵擾與惡人的爭鬥、黑白兩道的欺詐，也遭逢過世界上最惡毒的女人，最大的騙子。後來當上了政協委員，在政府紀委兼職，與各級政府領導幹部接觸，也曾有過被檢查院扣壓一天的經歷，可以說應受盡受，深知千人之面和萬人之心。然而始終欲好則不安，欲危則未險。有如被擠壓過千萬次的鐵錠；高崖之上被雷劈、水沖、滾石、烈焰、乾枯過的苦松。

於是我開始思考人生的意義究竟是什麼？為什麼世界上惡人那麼多？多虧我對傳統文化沒有完整的認識，也不曾認准哪裡才是盡頭，多虧遺忘了幾十年的高等物理，卻讓我沒有沉著現代物理的足跡，因此探而未進、進而溢出的獨立思考。我走入了一條僻徑，既不是獨立的神學，也不是現代的物理學，更不是哲學。宇宙遙遠的地方是什麼？物粒無限大或小嗎？生命體是否與之無限大或小？生命的本質是什麼？神學存在嗎？經過十幾年的思考終於發現了五個定理。

這五個定理將揭開所有宇宙的奧秘，假如我們人類生下來只能看見X光，那麼看人類只是一幅骨頭架子，根本看不見肉體器觀。同理，人體還有更小微粒器官組織，由於我們肉眼的功能有限而看不見，所以人體還有很多我們看不見的器官，也許有兩個牛角，有著長長的尾巴等等。它們是以更小的微粒組成人體組織器官，人類習慣的認知是對當下現實的感知感覺。然而事實並非如此，這些微器官組織中就有「靈魂」存在，所有宗教活動的根本就是「通靈」。原來人體只有關掉了大粒子器官——六欲，小粒子器觀才能打開，人才能與「神」對話。最難關掉的就是思維，因此絕對無欲的人才能看見另一個空間，所有宗教的根本，原來就是無欲後的所見所聞，即無欲後的「通靈」。學會通靈的人會無比的愉悅，會變得很聰明，並且能預知未來，會成為各類偉人。

五個定律證明了我們身邊的空間，是由各個單位粒子空間的疊加組成。解釋了各空間為何能疊加在一起，而我們卻一點察覺不到，比如：我們居住的地方，也是另外空間中人居住的地方。這些單位粒子空間隨著無限小的粒子的廷伸，因此而有無限的數量。各個空間當然都會有自己的自然物質世界和生命體，相鄰粒子空間生命體的聯繫就是與神的溝通。所有的教派所信仰的神很可能是與我們相鄰粒子空間的同一個科技團隊，與各不同語言民族的溝通。

空間的疊加就像一個裝滿水的魚缸子，我們還應該分離出來無數個魚缸子，只不過越來越「透明」，即越來越由更小的微物質組成的。因此一杯空氣實際是無限重的，只不過無限微粒的層層浮力使我們不覺而已。這一切的展開，將解釋了宇宙中的黑洞、暗物質、宇宙大爆發、UFO現象與外星人的存在。對人類身邊發生的奇跡，如人體的特異功能等，都將被解讀，徹底終止了無神與有神的爭論。精神與物質的區別，將各大教派統一，使人類有了對宇宙完整的、終極的認識，使神學成為了科技的前沿。

人類已經徹底知道了自己，只不過是宇宙中諸多生命體中的偶然。地球就像路邊下雨時，臨時形成的小水泡子，在其它單位粒子的空間上的生命體，經過化學變化，成為適應此水泡子的生命體，來到這個水泡子裡生存、暫留而已。因此生命不息，人死後怎麼能結束呢？五個定律證明了宇宙中所有的物質都是粒狀的，都會遵循一個規律而運動，因而可以通過這個宇宙的總定理的逆定理去尋找我們看不見的未知物質。原來一切能量都是物粒，人的意識更是能量的變化，因此人在觀察量子運動的時候，量子原來的運動會發生改變，這就如同向一縷輕煙吹了一口氣一樣，一縷輕煙當然會改變。

　　牧樂五定律已經向世界註冊了知識產權。它既不是神學，也不是哲學，更不是物理科學，而是形成了一個獨立的、完整的新宇宙物理體系，解釋了神學的存在，揭示了哲學是未知物質的變化規律。

　　打開了牛頓、愛因斯坦的相對論與現實物理學走不通的屏障，徹底解釋了我們身邊所有的奇異現象及宇宙中幾乎所有的奧秘。從此人類將誇入一個新時代，人類將徹底了解了生命的本質、宇宙的形態。地球上的人類只是宇宙諸多生命中一個偶然現象，宇宙中的生命體就像無數的洪流一樣，早已經存在於古老的宇宙之中了。人類更不是宇宙中生命體的中心，就像我們以前認為地球是宇宙的中心一樣，都是錯誤與自認為罷了。

　　當人們懂得了無欲無求就會「通靈」，就能看到另外一個空間，宗教信仰成為了真實存在，善惡終有報應，人就會逐漸開始真正變得善良了。站在宇宙看地球猶如一粒塵埃，當人們知道了自己所有的擁有和爭論，都沒有任何意義的時候，人類將永無戰爭，永無自相殘殺與悲慘遭遇，所有的生命將得到尊重、環境將得到保護，各宗教教派信仰走向統一，世界將走向大同。

　　此書中所涉及的內容：科技、宗教、傳統文化、美學、經商、為官、風水、書法、詩詞、帝王之術均揭示其根本至終極盡頭。

| 1 |
牧樂新宇宙理論

　　牧樂的五個定律發現了宇宙中所有物質運動都會遵循一個規律。發現了宇宙的形狀；宇宙中所有的物質都是以粒子形式存在。空間裡由無數、無限大、無限小的粒子組成，因此形成了無數的單位粒子空間疊加在一起。為什麼能疊加在一起？發現了牛頓定律只能在一定的範圍內適用。在各個空間中存在著各自的物質世界和生命體。原來宇宙中早已存在著無數的、古老的生命。推導出了宇宙的形狀和生命的本質。原來一杯空氣的品質是無限大的，人們之所以不覺得重，是因為粒子之間層層重疊產生的浮力。人體還有無數的微粒子器官，當人體關閉存在於一個單位粒子器官的組織，就會開啟另一個空間的器官，就會看到另一個空間世界。神學將徹底被科學解通，哲學也是物質的變化。牧樂五定律是另闢蹊徑，最完整地描述了宇宙的形狀。物質運動的總定理。它包含了牛頓定理和愛因斯坦相對論，又大於現如今一切理論。並且能通解一切宇宙的未解之謎。已經形成了一個完整的、獨立的、另一套物理體系。是對宇宙最後的蓋棺定論。

　　幾個世紀以來，圍繞著人類始終不得其解的是，宇宙更遠的地方是什麼？有宇宙人嗎？到什麼方向去尋找？有多少？又是什麼種類的宇宙人？怎麼才能與他們取得聯繫？什麼是宇宙的暗物質、黑洞、宇宙大爆炸？神學存在嗎？人死後會去那裡？人有靈魂嗎？時間是永恆的嗎？有其它空間嗎？當宇宙無限小，又有什麼東西呢？牧樂定理將全新揭開這些謎惑。

　　要想重新認識這一理論，千萬不要完全用已知的物理學去分析，因為現代物理學最後是走不通的，必須重新認識這個另一套理論系統。也不要把它看成哲學，因為哲學是未知物質的運動規律。也不要單獨看成神學，因為神學將被釋為科學的前沿領域。

《牧樂五個定律》

牧樂第一定律：

宇宙物質運動的總定理

宇為二物，二物相對，互補新生。所有物質的運動一定會有這三個特性。

牧樂第二定律：

宇宙物質存在的形式

宇宙從無限大致無限小，所有物質均以顆粒形式存在與運動。宇宙空間是由大小粒子組成的混合體。

牧樂第三定律：

縱相宇宙

只有宇宙中大小相鄰級別的顆粒之間才有相互引力、相結並產生新的物種。微粒的大小決定了各個空間。

牧樂第四定律：

橫相宇宙

宇宙中有無數個"單位粒子空間"。每個空間都是一個物質世界。並各自向宇宙無限延伸。

牧樂第五定律：

宇宙相對時間

　　微粒越小的單位粒子空間，物理運動和化學變化的越快，所以相對時間過得越快。反之越慢。時間不是永恆不變。

《牧樂第一定律》

　　什麼是牧樂的第一定律？即宇宙的總定律？

　　所有的生物都是相反的公母，所有的植物種子都是由正負兩部分組成。所有的運動都必須是兩相對應。所有的化合反應都是正、負離子的結合。即所有的物質運動必然具有其三個特性。這三個特性就是物質運動的總定律。繪製成圖，這個圖就是宇宙物質運動總規律的軌跡圖。（如圖1）

　　因此所有的運動都可以用這個圖來表達。它是打開宇宙的唯一的一把鑰匙。

　　牧樂的第一定律：宇為二物，二物相對，互補新生。

　　（即：物質運動的三項性。凡是物質運動都具有此三項性，反之，凡是具有此三項性的現象，都是物質在運動）。

　　解釋：宇宙中萬事萬物若要從量變到質變。都將會漸漸轉化為兩部分。而且，二部分是相反的。當兩部分互相爭鬥或彌補，事物將得到發展和變化。即：本體或相鄰、相近的物體，會向著對立的方向去發展。並且產生相互結合、參照、追趕。於是誕生了新的物質；或量變或質變。首先我們用大量的已知事實：生、植、物和物體運動，也就是說化學變化和物理變化來證明此定律的存在。

一、生、植、物的產生。

舉例說明：

1.生物是兩個相反的公、母結合，才誕生了新的生命。如此往復生命不斷廷續。

2.所有植物的種子都是由兩部分組成的，發芽時左一片葉子、又一片

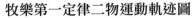

牧樂第一定律二物運動軌迹圖

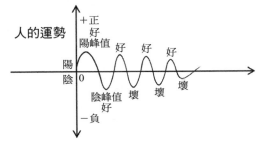

物質運動的總定律

二物　相對　互補

生物　　植物　　物質運動　　化合物

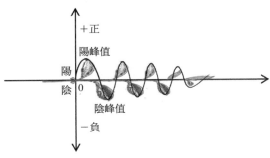

圖1

葉子，先生出來的葉子不斷地停止。新生的葉子又互相追趕生長，值物長大了。（如圖2）

　　3.化學反應是帶正、負電荷的粒子結合產生新的物種，再結合再增加。

　　生物、植物、化合物沒有單項、沒有第三項，都是正反兩項。

圖2

二、任何運動都會有此定理的影子。

舉例說明：

人體雙腳的運動，氣缸的往復運動，蛇形左右擺動等等，滾動車輪上的任意一點都是上與下相反的交替。還有上下波動的山脈、沙灘、海浪的截面，聲音波動、電磁波等等。都符合兩個正反的東西在交替。（如圖3）

綜上所述，我們所瞭解的一切運動都具有以上的三項性。絕無另外。因此此三個特性成為了物質運動的總定律。通過它我們就會找到看不見的未知物質。

在此一定要強調的是這三個特性，絕不能把它看成哲學。它是已知物質和未知物質的規律。

三、用此逆定理，發現了人的意識活動是物質的運動。

我們人體的器官都是相反的兩個。是否還會有未知的雙器官呢？由我們未知的微粒，組成的成雙成對的意識或者靈感器官呢？在另一個單位粒子空間，人類還會有器官的。

然而人們的意識是否是物質運動呢？

當我們分析事物和決策的時候，總是來回反復地自問自答。還有所謂的潛意識。這能否就證明了意識也是雙器官呢？

很奇怪的是人們更願意喝咖啡，而不是白糖水。是因為咖啡有苦味。

牧樂第一定律二物運動軌迹圖

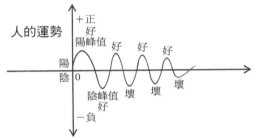

牧樂第一定律二物運動軌迹圖

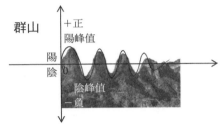

牧樂第一定律二物運動軌迹圖

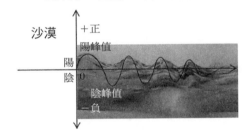

牧樂第一定律二物運動軌迹圖

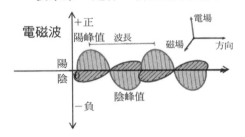

牧樂第一定律二物運動軌迹圖

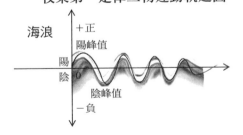

牧樂第一定律二物運動軌迹圖

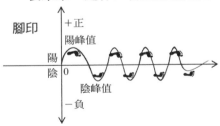

圖3

正因為有正反兩樣東西的存在，才讓人們永遠喝不夠。看一場足球比賽，如果雙方交替進球，會讓人不停地看下去。如果總是一方進球或者雙方都沒有進球，人們就會覺得沒意思。在舞蹈中雙肢上下、左右相反運動的越多，人們越是感到舞蹈演的越精彩。聲音振動的組合數越多，人們會感覺越好聽。

　　總之人們的意識更喜歡相反的交替。這説明外界的正負相反的條件，讓意識隨之正負兩極進行判斷與思考，二物相反的交替干擾了意識，推動了人的意念活動與改變。即能夠勾起意識的正反運動，由此證明，人的意識是很小的未知微粒的運動。

　　當我們已經知道物質的運動都會有三項性（二物、相對、互補）。那麼凡是符合三項性現象的，都是物質在運動。這個定理的逆定理，就可以判斷出我們更多還未發現的新物質。

《宇宙物質運動總規律圖解》

　　即牧樂第一定律二物正反交替運動軌跡圖。簡稱二元波動週期圖。

　　解釋：牧樂第一定律中講的二種相反的物質，運動的交替軌跡。所形成的波動週期圖。

　　因為所有物質運動都具有這三項性，所以宇宙中所有的物質運動都可以通過這個圖來表達。沒有另外。反之具有這個軌跡的現象，一定是物質在運動。

　　舉例：拋向空中的皮球。假如沒有空氣的阻力。上升一定的高度就會自由下落，落到地上會反彈向上，如此反復運動。達到最高和最低都會向著相反的方向轉變。叫物極必反，正負往復運動。

　　一顆種子，從發芽到成長的過程記錄下來。正是一個二元波動週期

皮球運動的過程

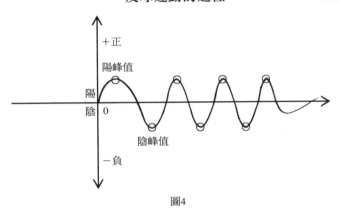

圖4

植物生長的過程

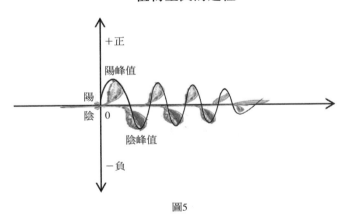

圖5

軌跡線。所有的種子都分為兩部分，宇為二物。一陰一陽，二物相對，一左一右的葉子，不斷左右抽葉生長、停止。完成小苗成長。也就是互補新生。將之放平橫向展開，描出其生長的過程，正是二元波動週期圖。（如以上例舉人的行走、氣缸活塞、車輪、海浪、聲波等物質運動。都可以描繪出來如圖所示的運動軌跡（如圖4）。也就是説一切物質的運動，都具有三項性，只要有三項性，就能描繪出來二元波動週期軌跡圖。反之，一切有二元波動週期軌跡的現象，都是物質在運動。這一點非常重要！我們現在看這個圖時會非常得眼熟。因為以前在部分領域中已經見到過這樣的物質運動圖。比如：聲波和電磁波等。但是今天我們發現了所有物質運動都有這個軌跡圖。它是物質運動的總軌跡圖。

　　由於電磁波、引力波、量子現場等，具有二元波動軌跡，因此它們全部都是物質的運動。即用這個二元波動週期圖，就能證明電磁波、引力波、量子現象，中間一定是有介子在運動，只不過我們還不知道，這個介子是什麼物粒而已。

　　從而我們就知道了光速並不是單個光子的單獨運動速度。而是像聲波一樣在空氣中的震盪。這裡面既有光子間的碰撞，即動能的傳遞，也有光子自身的運動。就像波動的沙灘一樣，只不過沙粒替換成了光子。所有能量的波動都是實際物粒在運動，至於中間是什麼物質在充當介子。在以下其它的定理中解釋。（如圖5）

　　大家看到這個圖的時候，千萬不要理解為以前在物理學中的東西。那樣就走不通了。因為牛頓和愛因斯坦到最後都沒有走通。

　　牧樂第一猜想和二元波動週期圖，完全推導和揭示了以前無法解釋的自然現象。今天我們發現的二元波動週期圖，是宇宙物質運動總定律軌跡圖。它包含了已知和未知所有的粒子波動軌跡。當然所有的物質運動都能畫出這個圖。

　　從而也就證明了宇宙中一切物質的運動，都是以粒子形式在運動。從而推導出宇宙萬物從大到小，都是以粒子狀態存在。也就是説所有的物質運動都是相反的二物在交替互爭，然而只要是二物相反的交替，就會符合二元波動週期圖。符合二元波動週期圖的運動，就符合粒子波動週期圖。

因而一定是粒子在運動。

我們有了二元波動週期圖，就更容易找出宇宙的未知物質。並推導出宇宙物質存在的形式。即牧樂第二定律

總之，人類永遠不要自認為。人類最大的誤解就是不知道的就是不存在。必須要格物致知，去人欲，存天理！

《牧樂第二定律》

宇宙從無限大致無限小，所有物質均以顆粒形式存在與運動。

解釋：牧樂第二定律描訴的是宇宙物質存在的形態。現在我們已知的從星體到各個星座，從分子到誇克。實際都是顆粒。再大下去或再小下去也都是顆粒狀的，宇宙永遠是由小粒子組成的大粒子與小粒子的混合。這些粒子從無限大到無限小。

用《牧樂第一定理》和二元波動週期圖的逆定理，推導出凡是符合三個現象的，都是粒子在運動。這一點很重要！

如果牧樂第二定理成立將顛覆我們很多以前的定理。

看山脈、沙灘、海水的斷面，都是各種粒子在運動。山脈的介粒子是岩石，沙灘的介粒子是砂粒，海水的介粒子是水分子，雲的介粒子是水蒸汽分子，聲波的介粒子是空氣。（如圖3所示）

《宇宙的形狀》

宇宙是由縱相宇宙與橫相宇宙的結合

縱相宇宙：壓縮疊加的宇宙

當我們把一個木箱裝滿了土豆，就再也裝不進去任何東西了，對嗎？這是通常人的思維。實際卻是這個木箱子永遠都裝不滿。這是為什麼呢？因為土豆之間會有空隙，接著還可以放些小米；再放入一些水；如果是鹽水，就又多了一些鹽的分子；通上電又裝入了一些電子；電子也會有空

隙，還可以裝入小於誇克的粒子等等。在木箱總體積不變的情況下。只要所裝入的微粒不斷的小，就會永遠的裝進去。而且木箱子永遠都不會裝滿！

當箱體無限放大的時候，就可以放入更大的物粒：星球、星系，還有比星系大幾億倍的星球。只要木箱不停地放大，放入箱體內的物體大小也不會停止。因此，宇宙是無限大的粒子與無限小的粒子的混合體。即每個物粒都是由更小的物粒組成。有無數更小的微粒飄浮在空中。有無數個比星座還無限大的球體飄浮在空中。

展開壓縮疊加的宇宙

當我們把木箱子內的所有物體一一拿出來，依次大小擺在桌子上。星系、星球、土豆、小米、水、分子、電子、類似誇克微粒等等。

假如設定一個集合體，把一定大小相鄰數量的物粒定為一個單位區間。即任意一個大小的粒子，做為起點，大於或小於這個粒子10的正負1萬次方的集合，這個微粒集合區間。即為一個單位粒子空間。從而我們將得到從無限大到無限小的，各個獨立單位粒子區間。這些粒子所佔有的空間叫做單位粒子空間。由於粒子是無限大和無限小的。所以就會有無數個集合體，也就會有無數個單位粒子空間。這些無數單位粒子空間叫做縱向宇宙。（如圖6）

每個獨立的單位粒子空間又向宇宙各方向無限延伸。叫做橫向宇宙。

我們人類生存在一個集群粒子空間中，這個粒子空間中有固定量的、從大到小的粒子，大小可以理解為以分子大小為中心，大到比分子大10的1萬次方倍數，組成了星球，星球又會組成我們見不到的星團分子。小到比已知的分子還小10的1萬次方倍數。太小了，我們也是見不到了。

宇宙是無限的大粒子與無限的小粒子，無限地羅列的混合體，並且向四周無限地延伸。

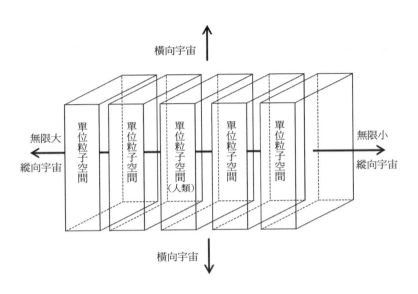

**牧樂第一定律
宇宙粒子的羅列與平行圖**

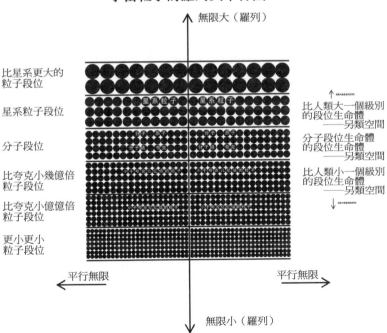

牧樂第三定律
宇宙粒子空間排列圖

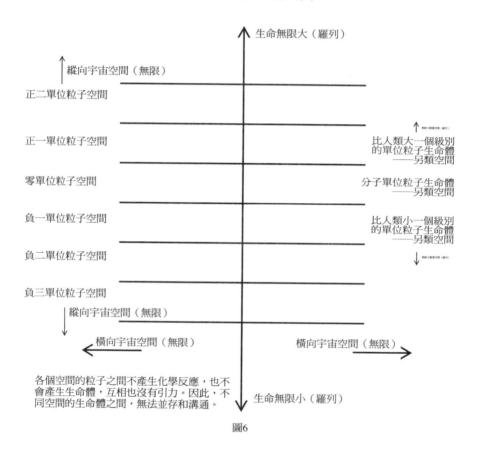

圖6

　　宇宙的形狀：是無限大粒子與無限小粒子的混合體；是縱向宇宙與橫向宇宙的結合構成。宇宙根本沒有什麼其它維度空間。而是由於粒子大小的隔斷，形成了無數個單位粒子空間。這裡的重點是怎樣造成的"隔斷"。使得各個空間獨立存在。而且又重疊起來。將由牧樂第三定理解通。

　　然而上文提到的當木箱子被不斷地裝入東西。即使所裝入的東西品質越來越少，但是被無限地裝入的時候，箱子的品質應該無限地增加，其重量應該是無限大才對。也就是説我們周圍每個單位空間都不是真空的，都應該是無限重的。那麼為什麼我們沒有感覺到非常重呢？

　　因為相鄰大小的粒子之間會產生引力，有引力就會有浮力。即：漂浮在空中的小粒子象液體一樣，對大粒子產生浮力。就這樣小粒子承載著大粒子而層層漂浮。（如圖7）

　　所以一個木箱子的品質是無限大的，而重量卻是有限的。所以我們無論如何也無法知道木箱子的品質。所謂的品質是無限的。我們所能感受到的其實都是相對的重量。即在本單位粒子空間的重量。在我們身旁的空氣中，任何一個單位空氣或單位物體，其品質都是一個常量：無限大。也可以説成永遠不會有真空。一個空箱子和一個裝滿石頭的箱子品質相等。都等於無限大，也可以這樣説：一杯空氣品質是無限的。這很難讓人接受，但是它是一個事實的客觀存在。人生下來時面對自然界的感覺。但這是一個物理現象，給人類造成的錯覺。這一認識從此將顛覆以前的一些物理定理。

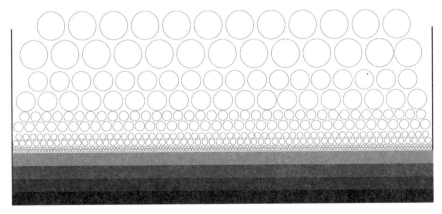

宇宙粒子浮力圖

圖7

《牧樂第三定理》

只有宇宙中大小相鄰級別的顆粒之間才有相互引力、相結並產生新的物種。微粒的大小決定了各個空間。

解釋：大粒子與小粒子之間差距越大，相互之間的萬有引力越小，越難產生化學反應。到一定值的時候，就沒有引力了，也不會產生化學反應。舉例：與誇克大小差不多的粒子，與星球之間完全沒有引力。誇克大小的粒子不受地球的吸引，可以游離在外太空。其之間也不會產生化學反應。只有相近大小的粒子，才能結伴並產生新物種或生命體。這就打破了萬有引力的萬有範圍。物質之間的引力不是萬有的。宇宙中有無數個"單位粒子空間"。每個空間都是一個獨立物質世界。並各自向周圍無限延伸。在這裡每一個單位空間或物體的品質，都是無限大的。而重量卻不一樣。

當我們知道了宇宙的形狀和牧樂第三定律，宇宙存在著無數個物質世界。但是在無數個物質世界裡有生命體嗎？

比如：小於類似誇克萬億倍的區間微粒，難道它們之間就不會產生化合物？如果能夠形成各種化合物，就會形成細泡組織。就會有高級生命的且生。因此各單位粒子空間都會有著自己的物質世界。有著各自的生、植、物和高級生命。

也就是説一個裝滿水的魚缸子，可以分離出來一缸子的水中空氣。可以分離出來一缸子的誇克微粒。而且永遠可以繼續分離出來越來越小的一缸子的微粒子。（如圖8）

每個魚缸子裡都會有魚和物質世界。只不過組成物質世界的微粒越來越小，或者越來越大。由於牧樂的第三定律使這些無限的單位粒子空間疊加在一起了。

無限疊加的空間世界

圖8

　　當我們站在宇宙的任何一個地方，向比我們小的各個單位粒子空間，去尋找高級生命體。如果始終無限地尋找下去，終究會找到的，在任何一個單位粒子空間中，即使找不到，每個空間又向周圍無限延伸。即在每個空間的橫向無限中，終究會找到的。這就是在縱向和橫向宇宙裡尋找宇宙人。當然在我們這個單位粒子空間中。向宇宙的周圍永遠地找下去。終有一天會找到與我們差不多大小的宇宙人。

　　總之：每個單位粒子空間都會有高級生命體和完整的物質世界！

《牧樂第四定理》

　　宇宙中有無數個"單位粒子空間"。每個空間都是一個物質世界。並各自向宇宙無限延伸。

　　解釋：宇宙是無限大粒子至無限小組合成的，所以，單位粒子空間的數量是無限的。在各個空間領域所看到的，與我們人類現在的世界是一樣的。我們人類只是無數空間中的一個。其本身既不是最大也不是最小。因為在無限大和無限小當中，從來就沒有最大和最小。

　　在各單位粒子空間中，由於一個空間的粒子與另一個空間的粒子大小差別很大，它們之間又不產生引力和化學效應及其它任何作用。在整個宇

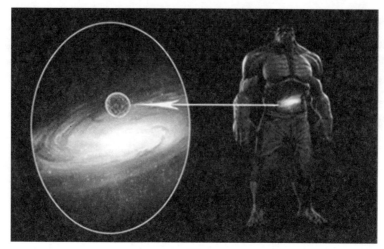

圖9

宙空間中，雖然無數的交織與重疊。但各粒子空間之間都是相對 "透明"
和 "通過" 的。比如：倘若我們已知的氣體組成高山河流和生命體，我們
即看不到又摸不著，又互不打擾。

　　人類在宇宙中是個大個子還是一個小個子？

　　我們不得不承認：在縱向宇宙裡，有比我們小的生命體，它們有的就
是類似我們的靈魂。有比我們大的生命體，星系只是一個分子或者只是宇
宙巨人的一個組織細胞。（如圖9）

　　當我們真正瞭解到宇宙的形狀時，就知道了宇宙人不但有，而且有
三種：有比我們大的、小的、同等的。

　　在縱向宇宙裡，我們與大的或者小的生命體，之所以不好聯繫，是因
為大小產生的阻礙。因為粒子大小差距過大時，導致不產生物理作用和化
學反應。所以無法與之聯繫。

　　在橫向宇宙裡，我們與大小同級別的宇宙人，之所以不好聯繫，是因
為遙遠距離產生的阻礙。

　　因此世界各教派信仰的神靈都是真實存在的。甚至妖魔鬼怪都是真實的生命體。也就是說在兩個相鄰的單位粒子空間中，存在著UFO使者。這些使者可能是，那個單位世界中生命體的高科技手段與我們的聯繫。

　　根據以上定理推導出，光是物質的，是未知粒子的傳遞，就象海浪一樣。當通過不均勻地方或風的干擾，都會對其產生影響。光通過不同級別粒子旁邊的時候。就不會產生物理和化學效應，因此不受干擾，會順利通過，相反通過同級別粒子的時候，光線當然會受到影響而偏離。同理人在觀察量子運動的時候，量子運動會發生改變，是因為人的意識微粒與實驗的量子微粒是同級別的。因此人的意識波動影響到了量子運動。

　　時間在各個單位粒子空間中是永恆的嗎？

《牧樂第五定律》

　　微粒越小的單位粒子空間，相對時間過得越快。反之越慢。時間不是永恆不變。

　　解釋：宇宙中做為傳播能量的介質：微粒，其大小決定能量傳播的速度。粒子越大傳播的能量越慢。反之越小傳播的越快。（如圖10）

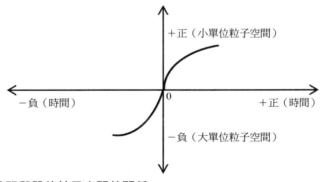

時間與單位粒子空間的關係

圖10

　　舉例：沙灘沒有海浪傳動的快。是因為紗粒比水分子大了很多。聲波沒有電磁波傳播的快，是因為電磁波的介子更小。

　　總之，在不同大小的微粒區間，能量傳播的速度不同，其結果：物質的運動和變化的速度不同。微粒小的空間運動的快。相對時間過得快。反之就會慢下來。所以物質變化的速度決定了時間的快慢。時間在不同的單位粒子空間中是相對不同的。

　　也就是說星系粒子空間發生一次化學反應，需要幾億年，而我們分子世界只需幾秒種，比我們更小的單位粒子空間會更快。

　　物質決定時間這一點非常重要，節省了時間，時間就過的快，反之時間就慢。所以時間是物質變化的計量。在每個粒子空間的計量單位都不一樣。對於人類來說就是一種比較和感覺。這將顛覆以往所有人的理解和物理理論。

　　這與愛因斯坦時間相對論是同步但不完全一致。假如我們到了比我們小的單位粒子空間，那裡的一切變化都很快，幾代人都生老病死了。而我們才剛剛幾年的時間。豈不是相對時間停下來了呢？反之我們如果到了比我們大的單位粒子世界。那裡的人生活一天就是我們的幾輩子。這與傳說的天上一天等於人間一年是一致的？！在不同的單位粒子空間我們與人的一次談話交流。所用的相對時間差距很大。但是沒有比較的時候是感覺不到的。也就是說在比我們小的單位粒子空間中的幾小時的一次與人談話，沒有覺得很快，但是對比我們的空間相當於零點幾秒。相反在比我們大的粒子空間中的幾小時的一次談話，我們的單位粒子空間已經過去幾年了。這與我們睡覺的感覺差不多，一覺醒來感覺就是一小會兒的時間，因為我們一夜之間什麼也沒有想，什麼也沒有做。

　　如此以上論訴：我們是不是在一個很大的宇宙人的細胞中生存，這個宇宙人大到幾億光年的長度，而且這個大宇宙人，也只是生在比她們還大的宇宙人細胞組織之中，如此這般地大到無數、無限。反之，比我們小的宇宙人生命會更短。體積會更小，小到無數、無限的。當然也會有無數微小粒子組成與我們大小差不多的生命體。根據牧樂第五猜想，光速不是最大的宇宙速度。由於微粒無限小，更快的傳遞能量速度也是無限的。

比我們大的粒子空間裡的人，生長的非常慢，反之會非常的快。我們人類對比一個大宇宙人，非常的小。小到忽略了。又與組成大宇宙人的粒子，不產生引力和化學反映。所以可以通過、游離比我們大的宇宙生命體的軀體。我們所看到的星座只不過是一個大宇宙人生命體的組織細胞。反之同理，比我們小的生命體也可以任意通過我們的軀體。當看到我們這個粒子空間的細胞組織時，也如我們看星系一樣巨大無比。正所謂："胞為河也，河為胞矣"。

牧樂第四定理所說縱向宇宙中，我們不僅僅要在我們人類，所生存的粒子空間尋找和自己一樣大小的生命體。即橫向宇宙。更應該聯繫其它粒子空間裡，與我們一樣大的、比我們大無數倍、小無數倍的生命體。她們都存在各自的"粒子空間，當然她們之間一定會有比人類高度文明的，互相可以聯繫上的。比如：現在的神學和UFO。

當然，我們人類的單位粒子空間橫向宇宙中，距離遙遠的地方，一定會有生命體。而且是無數的。在無數之間，她們彼此也一定會有聯繫上的。更會在縱向與其它單位粒子空間的生命體聯繫上的。

對於各個單位粒子空間，因為無數，比自己大或比自己小的空間都是無數的。所以總體根本沒有誰大誰小。宇宙永遠沒有大小。所以我們人類生在宇宙其中也不是最大、也不是最小。

人類自認為比自己大很多、遠很多、慢很多的宏觀；比自己小很多、快很多的微觀，都是自己認為罷了！在其它的粒子空間有認為我們是宏觀的，也有人認為我們是微觀的。

綜上所述化為簡單的推理過程：通過已知的物質運動，總結出宇宙物質運動全部具有三項性。而且都能描繪出波動圖。通過三項性和波動圖就能發現未知物質。並發現了宇宙中所有物質都是粒狀的。宇宙中是大小無限無數粒子的組合。於是宇宙的空間裡，就形成了各個大小粒子集合，每個粒子集合，由於大粒子與小粒子相差一定程度後，就不產生相互的物理和化學做用。所以彼此之間可以相互通過、疊加。於是形成了各自的獨立空間，稱為單位粒子空間。在無數個粒子空間中有各自的大千世界和生命體。在無數生命體中，一定有比人類科技更文明的。在每一個單位粒子空間中，向宇宙的各個方向是無限延伸的，叫橫向宇宙。無數個粒子空間的疊加叫做縱向宇宙。大的單位粒子空間中，粒子的物理、化學變化的慢，反之就快。所以在不同的單位粒子空間，時間不一樣。時間只是相對的，只是物質變化的一個計量。或者是人的一種感覺。是由物質的變化速度決定的。

以上五個定律邏輯推理一脈相承。隨著我的年齡增長，而我一路研究走來。沒有其一就沒有其它四定律的存在。其理論形成了一個完整的、獨立的宇宙物理體系。對所有解析的事物，無不理至終結，聞聲見的，格物致知。

總之五個定理的發現，讓我們不得不重新討論和認識這個宇宙：

1.生命的本質

根據以上定理，不僅僅是有物動就有波，而且是有波就有粒。常識告訴我們無風不起浪，沒有粒那來的波動呢？所以電磁波和引力波及一切能量都是一樣。其中間一定會有介子，“砂粒”在流動。只不過我們還未知是什麼而已。當證明所有的物質，都是由粒子狀態組成的。若往無限小去思考的時候，再小也是粒子。這未知的粒子會無限地、永遠地小下去，永遠不會停止。那麼更小的粒子也會形成類式碳水化合物？它們之間也會產生化學反應。並成為生、植、物。一定會有和我們一樣的生命體和大千世界！再往大到無限去思考，星座也是粒子。星球組成了星系，星系之間也會產生化合反應，成為生、植、物。如此這般我們是生存在一個大宇宙人的細胞中。因此，"河為胞也，胞為河矣"。即：銀河系可能是一個細胞組織。我們身上的一個細胞組織可能是一個銀河系！將成為現實！（如圖9）

　　以上所講也就是說在各個單位粒子空間中都會有生命體存在。更小的微粒子組成的生命體有比我們大的，一樣大的，比我們小很多的。其數量都是無限的。

　　由於粒子之間大小差異到一定程度，彼此之間不產生化學和物理變化了。所以各單位空間中的生命體和世界是互相通過，互相看不見的。這一點非常重要！因此宇宙中有無數的生命體在疊加。所以當我們幾個人坐在一起，在某個地方喝酒的時候，還會有其他的生命體存在，也在喝酒，或者洗澡。在古老的宇宙中，人類之前早就有著無數的生命體存在，我們人類只是一個短暫的偶然出現罷了。宗教的通靈就是與其它單位粒子空間的生命體的聯繫。人體在其它單位粒子空間中還有器官。當把我們現在的單位粒子空間中的器官功能，完全關掉的時候，包括思維活動。微小的器官就會發揮作用。就會看到其它的空間。我們這個空間的物質都變成透明體了。即所謂宗教活動中的通靈。

　　假如我們人類生下來，眼睛只能看見x光，那麼我們的視線裡，所有人的長相都是骷髏。假如我們的眼睛更高級，看到的人類長相絕對不是現在這個樣子。還會有更多的器官。

　　2.中國古老的哲學思想易經，原來已經發現了物質總規律的模糊痕跡。但把它視為預測學、哲學或者神學。如今發現了物質運動的三項性，於是就證明了意識為物質的，再給它補上一句話，互補新生。就成為了物質運動的總定理。以前所有的疑惑大白於天下了。

　　3.無限的宇宙形狀，原來是無限小的粒子組成了無限的大粒子，宇宙中就是由無限大粒子與無限小粒子組成的混合體。

　　4.宇宙中有無數個單位粒子空間。而且每一個空間中都存在著無數的生命。每一個空間內的物質世界都很精彩。世界各個教派信仰的神靈，都是與人類相鄰粒子空間的使者。或者那裡的生命體的高科技力量。與我們人類單位粒子空間的聯繫視窗。從此神學將徹底成為科技的前沿。

　　5.牛頓的萬有引力定律，在不同的單位粒子空間之間失效。在我們身邊，任意一個單位空氣或者單位物體，其品質都是一個常量：無限大。即永遠沒有真空。一立方石頭同一立方空氣品質是一樣的，都是無限大。

　　6.人類尋找宇宙人，不單單是在我們這個單位粒子空間遙遠的地方尋找。更應該到別的單位粒子空間去尋找。那裡才能證明靈魂的存在和人死後的歸宿。

　　宇宙中有無限古老的生命體，人類與地球只是一個意外。宇宙中的生命體猶如高速公路上行駛的車輛。地球好比公路邊，下雨時的一個小水泡子。有少量的車停下來看一眼風景就走了。因此人死後沒有結束，在宇宙中人類與地球做為宇宙生命中的一站地，短暫的停留。因此要保護好環境。和平共處。高高興興多看一眼這個地方。因此，任何欲望的佔有和爭鬥都沒有任何意義。

　　7.原來光不僅僅是粒子運動的速度，而是靠介子能量的傳遞。引力波、量子現象也是未知介子的能量傳遞。所有能量的傳遞都要靠粒子為載體。都具有波粒二象性。光速不是宇宙中最快的速度。比光速還快的是無盡的。

　　8.愛因斯坦的相對論應該重新認識

　　愛因斯坦把時間定為四維空間。是非常正確的。這就象大海行舟時。時間就是所用的船槳。大海就是各個單位粒子空間。在通過各個單位粒子

空間的時候，時間是一個相對的變數。即微粒越小，物質發生變化的速度越快。相對時間就越短。同理，反之越慢。如：圖10

9.所有具有波粒二象性的現象，都是物質在運動。

10.當知道了宇宙是由各個單位粒子世界組成的時候。當證明意識是物質運動的時候。當證明了人體還有其它未知微粒組織器官的時候。神學、哲學、自然科學將溶為一體。

11.橫向宇宙與縱向宇宙

任意一個單位粒子空間向四周無限延伸叫橫向宇宙，無限個單位粒子空間叫做縱向宇宙，橫向宇宙中的生命體之間與縱向生命體之間，怎樣聯繫通話是未來科學家的研究課題。

12.人類在橫向宇宙裡有與人類大小一樣的生命體。人類若想與橫向的宇宙人溝通，是距離遙遠產生的阻隔。

而在縱向宇宙裡各個單位粒子空間裡，各個生命體之間的聯繫，是大小差距產生的阻隔。

13.為什麼牧樂五定律很簡單地覆蓋、超越了愛因斯坦相對論？

這是因為牧樂五猜想是從另外一個學說，直接認知大宇宙。而不是人類在發展過程中，發現了什麼，才認識到什麼。或者說先證明了再去認知。

簡單地說，根據牧樂第一定律的逆定理。只要在一個無人的荒島上，發現了一個小孩兒。那麼島上至少還會有一個男人和女人。用現實去證明一切。是最有力的證據！現實是檢驗真理的唯一標準！

14.牧樂定律對未來科技的影響？

宇宙物質運動的總規律出來了！所有物質的存在形式知道了！宇宙的形狀知道了。我們不要再懷疑特異功能是迷信了，也不要懷疑神學了。對於一些奇特的自然現象，人類應該抓緊時間投資研究。誰先研究出來，誰先受宜啊！一個國家，一個民族科技、經濟、軍事領先啊！當你還在懷疑、嘲笑中，人家已經快出結果了。你又晚了三春！比如我講的"微化包裹快遞"，有人已經在實驗室裡快研究出來了！一項發明，很可能費掉一代工業，一代國防體系。

存天理，去人欲。格物致知！歷史告訴我們落在後面的民族，都是因為不願意接受新鮮事物！這關係到未來各民族的生死存亡啊！

15.牧樂定理的發現將未來科技突飛猛進

微化包裹快遞：根據牧樂定理小粒子空間可以穿躍大粒子空間的原理。將物體用小微粒完全包裹住，去游離比我們小的單位粒子空間，包裹所用的微粒越小，我們就可以游離在更小的空間。運動速度就越快。目前我們能掌控的最小微粒是電滋物粒，所能感知的最小微粒是人的意識物粒。

"微化包裹快遞"搞運輸

同理用比我們小的單位微粒子包裹一個人，可以穿牆而過了。包裹一個氣車或者飛機會跑的更快。當然動力也是，那個小粒子單位空間裡的微發動機。當到達目的地的時候、再把包裹打開。這就會成為人類製造的"飛蝶"。從中國北京到美國華盛頓只需要幾分種。

如果實現了用人的意識物粒，包裹一個飛機，比光速要快幾億倍。到達幾億光年的一個地方，也就是瞬間思考一下的事。即思考速度。

"微化包裹"實現隱身飛機和隱身衣。

只要包上的那一刻，物體即成為更小的單位粒子空間的物質了。我們就看不見這個物體或者這個人了。那麼這個人或者飛機就會變成了真正意義上的隱身。我們也就發明了隱身衣。"微化包裹快遞"。時間相對變快還是慢？

我們全身被罩上了一個，比我們小的單位粒子衣服。也就等於去了一個比我們小的單位粒了空間。越小的單位粒子空間，變化速度越快。相比於我們的單位時間過得快。當人被"微化包裹快遞"後，可能在那裡一年的時間，我們才一天的時間。在更小的單位粒子空間中過得更快，反之我們就實現了時間的倒流。有人將封閉瓶子裡的藥片用意念拿出來了。這是否是人腦的"松果體"釋放出來意識粒子，包裹了藥片，而後游離出來的？穿越了單位粒子空間，所形成的結果呢？

16.新材料的應用

我們可以將一個鐵丁鑲嵌在石頭裡。

原理是在不同的單位粒子空間裡，由於微粒之間不產生化學反應。並且可以互相通過原理。只要把鐵丁周圍包裹上其它單位空間的小粒子。送到石頭中間，再把周圍的小粒子移出。鐵丁就永遠地鑲嵌在了石頭裡。當鐵丁小到極小，至納米級的時候。利用各種材料的混合，我們就會得到意想不到的各種性能的材料。

17.人類與宇宙人的溝通

當破解了我們這個單位粒子空間與比我們小的單位粒子空間，彼此之間的粒子，互相關聯的密碼時，我們就會製造出一台電腦，能看清楚與我們相鄰的單位粒子空間的世界。就會實現與那裡的生命體見面和溝通了。也就能實現與死去的人靈魂交流了。或者與各教派的神靈交流了。

18.點石成金

在我們小一個級別的單位粒子空間中，重新組合電子與原子核的數量。利用那裡的生命體，或者製成一台"脫穀機"。改變分子的結構易如反掌。用石頭可以生產出任何物質。

19.實現人體互換

將人體的意識物粒，託盤搬運出原來的軀體。換成另一個剛剛出生小孩子的軀體，雖然這樣很殘酷無情。但是真證實現了一個人的長生不老。醫院就像生產汽車和4S店一樣。生產和維修人的軀體。人類有很多疾病，其實都是因為比基因還小的微器官組織發生的病變。因此研究人體更深層的微器官，未來醫學科技發展將不可想像。

20.糧食生產真正實現了工廠機械化加工

只要利用微粒的重組去實現自然食物的特性。當然了。人也可以實現不用進食，直接將維持生命的各種元素，用“微化包裹快遞”的方式送入人體的各個器官即可。

21.怎樣解釋宇宙中的黑洞？

根據牧樂第二定律，宇宙的組成是由無限的大小粒子組成。實際的宇宙沒有真空。漂浮著無盡的微粒子。黑洞就是某種微粒子產生的漩渦。這就象我們看到的空氣產生的龍捲風一樣。這種粒子應該是與我們相鄰的單位粒子空間中的一種。

22.什麼是宇宙的暗物質？

所謂的暗物質，就是與我們相鄰單位粒子空間中，某種微粒所形成的固態、液態物質。就像我們空間中的高山，海洋，雲朵。

23.我們人類什麼時候能進入，與我們相鄰單位粒子空間的世界。或與之生命體聯糸上？

當人類研究至微粒足夠小或足夠大的時候，自然就能夠達到了。會不會有其它單位粒子空間的高級生命，主動與我們聯繫的？大有可能。我們有很多神奇的現象，可能就是它們與我們的聯繫。比如UFO現象。UFO有可能是我們相鄰的或大、或小的，單位粒子空間裡的高度文明生命。由她們製造擴大板或縮小板的探測裝置。

UFO如果是與我們聯繫的高級生命的設備、首先她要解決的是遙遠或大小的障礙。

根據牧樂第五定律，微粒越小，其物理和化學變化越快，即相對時間越快。能量傳導的越快。所以要解決遙遠的障礙，就要把自己化為更小的微粒包裹模式。

由於牧樂五定律已經闡述了，光不是速度，暫時沒有發現實際什麼粒子能夠按光一樣的速度運動。所以幾億光年的路程，不會有人來與我們見面。UFO很可能是用一種類式量子模式，用比光粒子更小的粒子做傳導。所傳遞的密碼程式設計。用我們身邊的物質，在我們身邊複製他們那邊的宇宙機器人，與我們聯繫見面。這裡只是一種猜側。

24.關於宇宙大爆炸，牧樂定律又怎樣解釋呢？

人類不是最大，當然也不是最小。在無數個單位粒子空間中，任意一個空間都是比鄰近大的比，就較小。比鄰近小的比，就較大。所以永遠沒有最大和最小。正所謂河為胞也，胞為河矣！

因此，所謂的大爆炸，只不過是一個細胞組織偶然破裂而已！粒子越大，變化時間越慢。慢到萬億年才能完成一個細胞破裂或再生。比如在我們這裡一個氣球的破裂就是瞬間的事。可是在比我們大的粒子空間中需要幾億年。

25.怎樣理解人類的靈魂？有一種方法能看到另一個單位粒子空間。

我們肉眼可見的是我們的器官。可能會有很多器官我們還無法看見，因為它們可能是更小的微粒組織而成的。宇宙是由小粒子到大粒子混合而成的。所以任何生命體也是由小到大粒子而組成的。所以我們還有更小的微粒組織器官。人在無欲的時候，也就是絕對關掉我們現在的器官，即六覺的時候。其微器官就會開始出來工作。即靈魂出竅。但最後的思維是最難關掉的。所以僧人用念經文的方式，不讓思維活動。此時就會看到另一個世界。這是因為根據牧樂定律，人體更小的器官可以穿過我們的單位粒子空間。看見我們身邊的所有物質都是透明的。此時的器官就像CT機透過肉體看骨頭一樣。所以看到了另一個世界。所以人無欲的時候，靈魂就會出竅工作，人會非常快樂和聰明。佛教的心經，就是完整地記錄了這一過程。聖經裡也有許多的例子。

根據牧樂第一猜想的逆定理，正負相反的事物會讓人的意識活動起來。比如兩隊交替輸贏的比賽。香甜與苦澀混合的咖啡。都會對人的意識有推動。即讓意識隨著正負擺沙，所以才興奮。因此意識是客觀物質存在的。

　　靈魂不但有，而且也和我們其它的器官一樣，也是雙的。只不過是人類未知微粒的產物罷了。當然人死並沒有結速。讓我們一起來感受一個實踐效果。這個實踐非常神奇！就是當你閉上眼睛去思考我們的軀體，是由無數個更小更小的微粒組成。不到半分種就會全身恢復體力。精神煥發。

　　這也可能就是僧人坐禪等修復神智效果是一樣的。

　　26.什麼是量子理論？

　　量子只不過是更小微粒之間的能量傳導。這與光不是速度一樣。都是象多米諾骨牌效應一樣。中間有骨牌一樣的介子。而這些介子都是未知的微粒罷了。當人去觀察量子變化的時候，量子會有所改變，這是因為人的意識粒子波影響了量子波。

　　27.什麼是空間的彎曲？

　　這個就象海面上的風浪，遇到海島時，會受到干擾一樣。再比如一個鐵球放在海綿上，海綿體會彎曲。而這個海綿體就是比鐵球，小得很多的微粒，所佔有的空間。空間並不是空的，而是滿滿的、無限的微物質。微物質更會有固態和液態、氣態。

　　28.光在宇宙中行進的速度是不一致的。光線為什麼會被黑洞吸收呢？

　　根據牧樂五猜想，同樣大小的粒子會產生物理、化學反應，光當然是粒子的運動。當遇上同樣單位粒子大小的物質時。光也就被溷和了。就像一條大河通過一個海洋一樣。這說明光粒子與黑洞中的粒子大小差不多。

　　29.物質釋放出來能量結束了嗎？能量又變回物質？

　　根據牧樂猜想，從大到小都是粒子的運動。所謂的能量，只不過是未知的小粒子罷了。當然可以互相逆轉組合變化。核反應能放出很大的能量。也就是從一種大的粒子，跨越式地分裂為更小的粒子。以後我們可以把這種跨度大的化學反應，叫做超然反應。當知道了宇宙的形狀，就不費力地明白了物質不滅定律。

30.怎樣證明牧樂五猜想的存在？

如果人類非要去證明。我相信後人一定會隨著對自然界的認識。會不斷被證實。

總之，只有牧樂五猜想定理，才能夠把人類目前所有已知與未知的宇宙自然現象，完全解釋明白。

五個猜想還無法實現證明。但是可以應用到各個領域。從此人類走出狹隘的思維邏輯。在浩瀚無限的宇宙面前，我們人類永遠都是坐井觀天。我要把我的發現傳承給子孫後代。即使有爭議或有待進一步證明。然而從此處、此時、此刻，開啟了宇宙的一道縫隙，但願後人能夠沿著它繼續探索和發現。讓中華民族傳統文化，明確和凝固下來，為全人類創造幸福。隨著科技的發展，超然反應的跨度會越來越大。每一次都將是一次科技革命。

這五個猜想定理能否站得住腳，歡迎各界朋友繼續研究和證明。因為走在科學最前沿的，永遠都是拓荒者的勇敢和執著。希望能有更多的人一起討論和一起研究。

此五個猜想定理已經由中華人民共和國國家版權局，面向世界註冊。如若有轉載或者繼續此類研究的。一定要注明牧樂定理。註明是在牧樂定理的基礎上，更進一步的研究或發現。以防被他人盜用。盜用必究。

註冊人：程洪軍

註冊時間：2021年2月25日

註冊號碼：國作登字-2021-A-00045370

　　　　　登字-2021-A-00137506

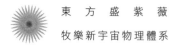

| 2 |

《牧樂新宇宙論》解讀《諸子百家》

牧樂宇宙物理論與諸子百家的關係

　　用牧樂物質運動總定理來分析，中國古老哲學思想諸子百家，把他們的思想放在二元波動軌跡中，其一目了然之！（如圖11）

諸子百家在二原波動圖中的表達

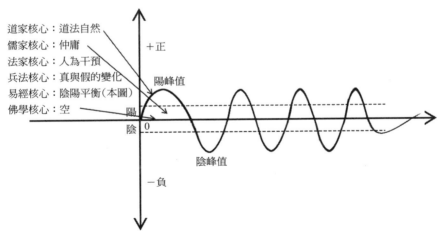

圖11

1.佛學的宗旨：悟空

在物質運動總定律圖中是這條直線。即不去按照物質規律上下起伏。

在這裡簡單地談一下無欲時人的狀態。無欲的人為什麼會更聰明。按照牧樂單位粒子空間，人的靈魄是未知器官，是真實存在的。是更小的微粒組合體。當人靜下來的時候，其功能就會顯現出來。也就是靈魂出竅，可以看到另一個相鄰的單位粒子空間。當然人的靈魂智能更強。僧人的打坐禪修就是這個道理。所以從此佛學已經不是神學，而是未知科學。

2.道家的宗旨：道法自然

在圖示中就是沿著曲線。任事情發展至極點後，自然返轉回頭。完全沿著物質運動的規律起起伏伏。道家掌握了這個物質總規律。等到事物發展到一定程度以後，會向著相反的方向發展。靠等待而無為。

比如；一個社區的衛生達到極壞，人們會自律。一個人壞透了。就會得到有關部門的重視。過去人若生了"火結子"，不用醫治，出濃後就好了等等。

3.儒家思想的核心：中庸

中庸就是在曲線的中間區域。因為萬事萬物都是物極必反。不走極端。無論好事壞事走到盡頭了就會向著相反的方向發展。也是掌握了物質運動的總規律以後，避險。

比如：平時表現為說話圓滑。看問題即看積極的一面，又要看到消極的一面。所以往往一手托兩家，做老好人，不出風頭，不當老大。因為槍打出頭鳥，看曲線不走極端，走到盡頭就會物極必反，好與壞都避讓盡頭。

4.法家的核心：人為的干預

用法規、法律去干預這條物質運動曲線。在這條曲線上截斷某一段落，用強制手段，讓不好的事情停下來。對於一個國家不能沒有法律。即要民主又要集中制。若落在各人身上，有時候要果斷專行，權力集中。先解決掉主要矛盾。不婆婆媽媽的。新冠肺炎有的國家是集體抗疫，任其自然是採用道法。保經濟但會有人犧牲。有的國家用法制，經濟損失了，但部分人得到了生存。

5.兵法的核心：真與假的變化

真與假成為了相反的二物。而且曲線變化是人為的操縱。真到盡頭應是假，假至極處方為真。徹底瞭解對方的智慧高度後，使之不被識破。從而真與假成為正反二物關係，使之不斷的交替進行。擾亂了這條曲線，達到以強制弱的目的。

6.《易經》在那裡了呢？

答案就是這張圖。（如圖12）

根據資料記載和我的判斷。易經最早是人們立一個木棍，觀察日影的長短，來記錄一天的時間。然而日出日落當然是大自然當中，最典型的循環往復週期運動。一天日影長短變化的軌跡，正是牧樂物質二元相反波動軌跡圖，即宇宙物質運動總規律圖解。所以它總結的規律，在任何領域

牧樂第一定律二物運動軌迹圖

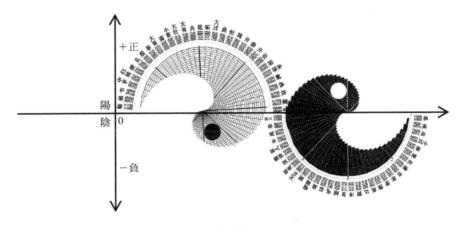

圖12

中理所當然地實用了。當把這個規律，又運用在社會活動、意識形態中的時候，也適用、好用。但是卻被人們神化了、迷信化了。

當牧樂定理證明了人的意識活動，是未知物粒的運動。一群人的集體意識就像沙灘和水波一樣的物粒集合運動。其根本就是符合牧樂物質運動的總定理。

比如將一百個人流放到一個無人的荒島上。這一百多個人不久就會分為兩派，互相爭頭，並且永遠都是兩大對立的。最後此起彼伏地爭雄。推動整個島上群體的進步。其整個過程就象小樹發芽一樣的軌跡。當然就是一個完完全全的牧樂總定律軌跡。易經給這一個過程分為了64卦，這64卦在各個時期，領導者和普通人應該怎樣規避風險和受益。

至於為什麼會有方位的變化，能夠測算出來吉凶禍福。我認為那個時候的人類，唯一的生存依靠，就是尋找野果與狩獵。這又與四季氣候變化有關。什麼時候，什麼方位有野果成熟了。動物向什麼方向遷移。根據四季日影長短變化，總結出了什麼時候去什麼方位，能夠有所收穫或風險。人的生辰八字為什麼能夠預測人的命運。是與不同時期宇宙週期運動，產生的正反二物新生有關。此處我有專門的論文。

從此易經再不是哲學範疇了。是純物質的科技範疇了！這就是牧樂定理對易經的最終解剖與定論。

宇為二物，二物相對，互補新生。這句話比陰陽平衡的範疇更大、更準確、更具體、更科學地解釋了物質運動的全過程。

歷史上道家學派曾經講過，天上有一個天道，所有事物都會遵循之，儒家理學派講到，天上有一個理，萬物之本，必遵循之。佛教學派所指的萬物之靈。誰都不可逾越。否則就會受到因果報應。是否都是這個物質總定律呢？

《諸子百家，實為各類藥篆。各醫界患，著時，著正、著量用之。不亦樂乎。何故居井而面紅耳赤，論之噓呼！》。

一個人什麼時候該用什麼方法，是一個巨人的智慧結晶。這些諸子百家單獨的使用就又會成為走極端。當然了任何教派的信徒都可以比喻為專科醫院裡的專家醫生。生活在現實社會中的人和一個國家，那方面出現問題了，根據局勢的需要，不同時期不同重點地去使用各種諸子百家的智慧，才是正確的選擇；才是最大的智慧。

牧樂第一定律與道法自然的智慧

有這麼一個故事，兩個小老鼠掉進水缸裡了。這時天空下起了雨，其中一隻小老鼠非常著急，拼命地掙扎向上爬，可是怎麼也上不來，一會沒有了力氣，溺水而亡。而另外一隻小老鼠，在靜靜的等待著什麼，當雨水落滿水缸的時候，不費力氣，就成功地離開了。

這個故事告訴我們，完成任何一個目標，都要遵循天時地利人和的規律。時機不到，做任何的努力都白費力氣，還會起到反作用，時機成熟自然而然地改變了。

所以無論什麼緊急情況，有智慧的人都會先觀察，尋找時機和方式、方法，也不是消極地面對和放棄。當然如果天沒有下雨，小老鼠可能也會被困死。所以什麼時候運用道法自然，需要時機。

諸葛亮能借來東風，實際是表演給周瑜看。其實是他掌握了某種大自然規律現象，很快就「巧借」東風吹來。萬事萬物都會有週期，常言道：冷三熱四，早霞雨，晚霞日。這就像有一個向正時針方向旋轉的旋風，經過一個地方，這個地方先是西風，中間會短暫的停止，然後必然是東西。這正是一個旋風所造成的週期。

圖13就是牧樂第一定律所描寫的，物質運動的總定律圖。任何事情都跳不過這個運動的週期，只要把這個圖看明白了，什麼複雜的事都會變得

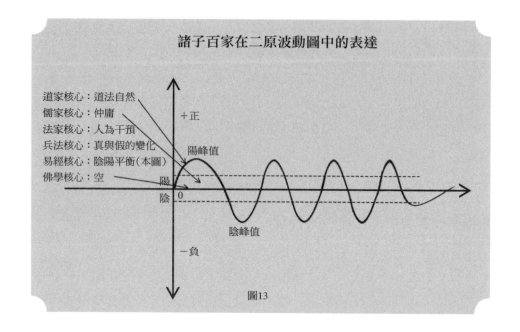

圖13

很簡單了。古代沒有這個圖，但我想，但凡大哲學家都知道了這個道理，才能推衍出各種道理。在其它章節已經講了這個圖，或者叫週期率，任何事情都會按照此規律進行。理解了這張圖，再去分析各哲學思想，就會很簡單了，也應該知道怎麼做人做事了。你也會成為大師！

　　一個人非常的不講道理，做了很多壞事，民眾非常的憤恨，有經驗的老人說，讓他繼續地壞下去，總有報應。不久這個人被繩之以法，其實這些都像拋向空中的皮球，達到一定高度，自會落地，落地又會反彈。這是自然的規律，物極必反。

　　今年的白菜賣了個好價錢，有經驗的農夫，明年反倒不會種白菜。因為明年大家都會搶著種白菜，股市也是如此的交替運行。

　　一個人感染了病毒，人體就會發燒，溫度達到一定的高度，將病毒殺死。這是人體的自動功能，叫不治而治、道法自然的方法。所以兒童發燒時只要不超過極限溫度，人體肺器官所能承受得了，就應該讓其發熱。

總之，道家思想的核心是道法自然。道法自然的智慧不是讓我們永遠地守株待兔，坐以待斃。而是知道了萬物的週期性，物極必反的規律。最大的智慧是讓我們利用兩個峰值，預測未來走勢而規避或等待。

牧樂第一定律與中庸智慧

一個人是當地的首富，或者升官非常的順利，當上了一把手，紛至遝來的全是阻力和障礙，就要學會避險。如果又不會調整，智慧不夠強大，根據物極必反的道理。很快就會出問題。所以才有德不配位，士不配驥！

其實當老大是非常痛苦的。比如美國充當世界的老大，那裡出問題了，那麼裡都得管，不管就沒面子了。誰都找他講理去，維護秩序很累。所以一年四季澆頭爛額，不得安寧。表面風光，實際誰痛苦誰知道。天天弄幾個航母一會嚇唬嚇唬這，一會又嚇唬嚇唬那裡的，一天到晚多累呀！

無論你在某一個方面或某一領域，只要是排頭兵，就一定將向著反方向發展。因此，孔子知道了這個道理之後，才告訴我們保持中庸。不當老大，也不落後。只有格物致知，才能水清正色，存天理、去人欲。自去高者無峰。

請記住牧樂二物相反的物質運動圖。筆者認為這個就是老子所說的上蒼的「天道」，理學中講的「天理」，西方的「上帝」？

一個人在挑扁擔的時候，要找中心，否則就會偏離一方。而偏離了任何一方，都擔不起來，做不成功。一般重的擔子，重心偏離一些還可以調節，但是越重的擔子越不能偏離一點點，否則寸步難行。在公司管理中，一面是給員工很大的獎勵，一手是給員工嚴厲的制度與懲罰，偏離任何一方，管理都不會成功。當領導的即要讓少數的人先富起來，又要讓百姓走到小康，社會才能和諧共處。中庸不是兩面派，更不是愛憎不分、欺上瞞下、弄虛作假的滑頭。

所以執政的人往往採用儒家思想的中庸，比較適合。越是保持中庸的人，越能擔起重任，越能當大官，就是這個道理。中庸最大的智慧就是，躲避週期率的峰值，不挺而走險。

牧樂第一定律與佛法

佛法的智慧根本就是空無，心中空了，就無欲，無欲就不惡了，就會善良。同時當人的欲望大到極限的時候，智慧是零。

當我們特別想掙錢的時候，往往會被別人騙，騙子幾乎漏洞百出，甚至就是一個影子，你也想撲上去。

當你愛上一個人，對方的所有缺點，你也視而不見。她騙你、坑你，你也全然不知。

舉例：說一說足球，雖然已經被人說亂了套了，大家已經覺得無味了，但是我認為都沒有說到根本上。如果用佛法講，那才能戳到根本上。大部分踢足球這些孩子們，從小不是父母逼迫的，也是為了生活而幹這行的。滿滿的都是欲望，欲望越大，智慧越接近零。

外國就不一樣了，是從小熱愛足球，在踢足球的時候，那叫享受足球。首先把賺錢的事放在一邊，越踢技術越好，到關鍵時刻也不緊張，而且發揮的淋漓盡致。

比如馬上要射門了，心裡一陣的激動，這要是進了，他奶奶的，這下可就妥了，馬上就能得到百十來萬，而且還光宗耀祖了啊！他保證踢不進去，就是面對空門也會十有八九給踢飛了。欲望大，智商是零呀！所以我們觀眾急的，老大媽都說，讓個三歲孩子都能踢進去。

所以從根本上講，為了掙錢的，肯定踢不過玩足球的人。

當佛法用在比賽中，悟空就是無任何雜念，發揮的全是技巧。

| 3 |

《牧樂新宇宙論》論證與應用

《意識》

利用牧樂第一定律解讀意識——人性的根本！

當你知道人的意識是物質的運動，又掌握了物質的總定律，掌握了所有人的心理活動，也就揭開了人性的本質，你會成為一個極為聰明的人。

怎樣證明意識是物質的

站在一望無盡的沙漠上，對面不遠處有一個人，用一隻手在向你召喚，你可能還在猶豫，當時用兩隻手，又用上了雙腳了！你可能會立刻緊張起來，想要過去！

若想驅動意識，必須用正反兩樣東西，正反的越多，驅動力越強。

這就是牧樂第一定律的內容：宇為二物也，二物相對之，互補新生矣。它的逆定理就會讓我們，發現新的物質，簡稱為「牧樂效應」，能證明人的意識是物質的。

當人們看賽跑的時候，一個人單獨賽跑，還是兩個人跑，多人跑。更願意看那一個呢？一個人在最前面，後面的人都追不上去了；還是前面有兩個人，交替地領先？當然是後者了。後者會讓你睜大眼睛，看個不停！這就是讓你的意識產生了互補新生。

人們喝白糖水不會上癮，喝咖啡就會上癮。因為咖啡不但有香味還有苦澀。對煙酒著迷，因為煙酒中除了香還有辣。各種茶如果沒有了苦，就一文不值了。這是因為人們在品嘗的過程中，從香甜可口到苦澀酸辣；來回地蕩漾。這相反的二物不斷地驅動了大腦的意識，讓其興奮，所以才讓你用了再想用，一生一世都忘不了。

你也可以自己尋找正反兩樣東西，當交替的時候，若能改變某種東西，那麼這個東西就一定是物質的，即「牧樂效應」。

當看一場球賽的時候，不久就會從心裡希望一個隊能夠獲勝。這也叫站隊，所有人都不會中立，而且一般都希望弱隊、輸了球的隊獲勝。這就是人們的心裡趨勢，二物相對，互補。

人們更願意看影視中雙性格的角色。比如上海灘中的許文強。正義的流氓。亮劍裡的李雲龍，英雄加匪氣。如果將電影紅高粱裡，往酒裡撒尿，高粱地裡幹的那些事，都去掉了；紅高粱還能得國際大獎？

無論在什麼時候，什麼事情，只有好與壞的並存與交替才能讓人喜歡和著迷。

以上種種跡象，我們用牧樂第一定律的逆定理推導出來了，意識活動是一種不明的物質運動。因此當我們觀察量子的時候，量子會有所不同。這是因為有意識波的存在，意識波是物質的。量子也是未知物粒，當然會干擾了量子運動。

如果意識是物質的，那麼凡是哲學的東西，都是物質的變化規律。牧樂第一定律是宇宙中物質的總定律。

人的意識是物粒的運動，就會喜歡正反兩樣東西。

物質運動總定律的應用

人會更喜歡什麼樣的人呢？

夫妻生活在一起久了，為什麼不幸福了呢？

無論是男是女不要服服貼貼地，完全服從對方。偶爾就是和你上不了床，有點脾氣會讓對方才覺得有滋有味！

有一位大學教授諮詢我，我結婚七年了，我對她非常好，她為什麼對我就是不好呢？我問他，是不是她外邊有人了？教授對我說：不可能！我們倆天天在一起，她一刻鐘都不離開我，離開我她就無法生存了。那你是怎樣對她好的？能跟我描述一下嗎？在家裡面，我什麼活都不讓她幹，連她的洗腳水都是我給她倒的！我說；哈哈！你是不是還會給她洗腳、洗澡吧？

這好辦！這樣吧！你今天把這一大杯白酒都幹了，我就告訴你！於是教授真就把這足足能有四兩酒，是一飲而盡。眼睛緊緊盯著我，等我往下說。於是我接著說：今天晚上你回去，回到家裡見到她就是拍拍兩個耳光，千萬什麼也別說，把自己住的房間門給鎖上，任憑她怎麼哭鬧也不要開門。到了第二天早晨你就說：自己昨晚上喝多了，什麼事都不知道。你怎樣向她道歉都行！教授抹了抹頭上的汗水，驚訝地問我，這！這能行嗎？我說：行！保證行！

這個故事告訴我們，女人雖然嘴上說，都喜歡百依百順的丈夫。但是女人心裡，其實更崇拜的是有個性的男人，不喜歡娘娘腔的男人。男人在外粘花惹草，大部分是喜歡上了帶刺的玫瑰。也就是說再美麗的小姑娘，一點脾氣都沒有，時間久了，男人也會夠的。如果有點脾氣，反倒有一點野味的感覺！這不是講笑話、說相聲。這是定律所揭示的人性的本質，原來還真是不打架的夫妻不幸福？還過不到老？！

為什麼有的孩子長大後打罵、痛恨父母，就是因為小時候嬌生慣養的，孩子長大後一旦父母滿足不了，就恨父母。所以你在孩子面前應該是十件事，只滿足她六、七件，孩子才會感覺幸福滿滿的。否則就成為了習以為常、平淡無味、不知珍惜和生活無聊，再優越的生活也不覺得幸福快樂。面對家庭成員，面對親屬，面對朋友，面對同事，面對上司，都不能百依百順，否則將成為應該應份的，成為別人家低廉的衛生紙，什麼時候想用就用一下，用完了就扔掉了！

　　但個性也不能過大，過大就會跑到另一面去了。所有的事情都要按照70、30黃金分割線，70的yes，30的No。

　　有很多人會認為，我對你一百個好還有錯嗎？然而恰恰是你有錯了！總有人說對人一百個好，有一次不好就翻臉不認人了。所以從一開始就讓對方覺得不是什麼事都能答應的。因為宇宙中存在「牧樂效應」，從此這已經是物質定律了，其物粒未知而已。

　　總之，我們的身邊事沒有那麼簡單！

　　壺蓋為什麼會動，瓦特發明了蒸汽機。蘋果落地，牛頓發現了萬有引力定律。草齒拉人，魯班發明了鋸。

　　其實很多身邊事我們從來都習以為常了，沒有在意；沒有深入研究，格物致知。

　　世界歷史上有很多偉大的哲學家，試圖通過一些道理來教化人的行為，改變和幫助我們，像黑夜裡的明燈在照亮懵懂的人類。尤其兩千多年前，先秦時期，中國就出現了老子、孔子、孟子、韓非子、墨子等等諸子百家，再後來的程珠理學。這不得不承認，中華民族的文明智慧，優先於世界民族之林。然而在歷史上也常被打入冷宮，常被統治者利用，愚弄百姓。也有人裝神弄鬼騙人錢財，或者被移疇曲解，使得後人半信半疑。

　　然而今天有了科學的物質定律，把人們總認為是上層建築的東西，天府裡的高深莫測，紅樓夢裡的文人墨客所研究的事物，落實到了地面，走入了千家萬戶，走近了每一個普通人的身旁。

　　比如你若升職，你怎樣面對你的上司？

　　完全的服從，百分之百的執行，領導說最喜歡忠厚老實的人，其實這樣的人並不是領導最想提撥的人。領導更喜歡那種在自己犯錯誤的時候，能夠提醒自己的、修正自己的，提出與他不一樣的見解。當然不宜過激，以圓滑處事的態度，非常尊重上司的態度，領導內心永遠喜歡表現為二相性的人。

牧樂第一定律說明萬事萬物都具有雙面性。任何一個好的規劃，好的規章都會有反對者。錯誤的也會有人贊同的人，正確的也會有反對者。表揚一部分人，就會打擊一些人。所以有智慧的人講話往往會左右逢源。

如果你經常遇到一片歡呼，一片的讚美，那你一定是被心懷叵測的人悄悄地，把你的眼睛給蒙上了。有智慧的人聽了贊同的，一定要再聽一下反對者的聲音，只有正反雙面，才能確定是否正確。

牧樂第一定律在公司團隊中的應用

簡單地說在一個組織中、一個團隊中，即使是剛剛新組建不久的團隊，必然地會分裂成為，兩個對立的兩夥人。

這是物質總定律永遠不會改變，這在國際上也通用的。未來地球上無論怎樣聯盟，也不可能成為一個大家庭，也不可能成為三國鼎立。表面看是三國，實際會成為二弱對一強。因此地球之上，永為二虎相爭。

比如你問一個人，你是隊伍裡那一派的呀？這個人說我那一派都不是，我保持中立。那麼這個人一定是有什麼顧慮撒謊了。而且很可能是你的超級反對者！因為牧樂定律裡根本就沒有什麼第三種人。比如你看一場體育比賽，不久就會希望某一方能贏，一定會站在一方。

怎樣帶領團隊，讓其業績更高

首先我們分析，如果一個人在跑道上賽跑，即使狀態再好也打破不了歷史記錄，但兩個人跑就不一樣了，而且是你前我後的交替就更容易打破記錄了。這就是說牧樂第一定律的最後描述和表達，始終不和諧才能成長，三角形具有穩定性，而一根木棍最不穩定。

由於牧樂第一定律所揭示的團隊一定要分裂為二部分，或者是他們自己分裂後對立，或者他們團結與你對立。

讓手下隊伍團結了是絕對不行的。

那你和團隊就形成了對立，一切矛盾都會指向你，她們會把你當成敵人，必然與你形成對立面，會仇視公司和經理，引火焚身。

要想團隊發展，必須讓他們自己產生相反的對立面。有經驗的經理會把她們儘早地分為兩個團隊，進行考核、評比、獎罰。不但業績增長的快，矛盾也不會指向你，你將成為令人尊重的，這場比賽的判官。而且雙方有什麼事都瞞不過你，他們都會向你匯報對方的不軌行為。歷史很多帝王也都用此招術，有意創建手下兩夥人在鬥，讓他們互相牽制，互相表現。自己成為了救世人，沒有他們的互鬥，就是他們團結與自己鬥，這是必然的物質定律。

但不能總讓一面佔優勢，領導者應該儘量促進此起彼伏交替獲勢，否則就一面倒平衡了就靜止了，完全平衡也停止了。也要控制雙方互鬥的程度，不能過於激烈，否則事得其反。

保留不優秀的員工也是牧樂第一定律的應用。

優秀與不優秀的員工在隊伍中也會形成二物互補。

更有經驗的管理者，會留下少部分不優秀的員工。這又是為什麼呢？當你團隊裡即使全都是「勞動模範」式的優秀員工，根據牧樂效應原理，這並不是一個最好的選擇。

上面談了一個人不能太過於完美了，一個團隊同樣不能太完美了。有部分不優秀的員工，能讓優秀的員工在團隊裡有成就感，榮譽感，促進她更努力地工作。不優秀者總被制裁，這會讓公司制度更具嚴肅性，讓領導者更偉大。這就象一個國家如果沒有了小偷，就沒有了法律的意義，也就沒有了員警的偉岸，沒有了領袖的偉大。凡事都要考慮相反二物的互補，事物才能發展。

　　還有一種方法就是：利用外敵的手段。把自己的團隊與外界的團隊形成二物，形成敵對，內部就會完全團結。一團和氣，不但讓整個團隊創造出更高的業績，而且對領導者更加崇拜，讓領導者成為領袖，部分人甚至甘願獻上生命，這在國家與國家之間用的特別多。而在這個時候做為領袖、管理者或者家長，在國民面前、在員工面前、在孩子面前只需示弱就OK了。

牧樂第一定律的應用——示弱

　　因為你弱她就強，你強她就弱。因此，很多長大後非常優秀的孩子，她們的父母自會做一件事情就是示弱！

　　再優越的條件，再優秀的父母也可以這樣說；我做父母的只能做到這一步了，再往前發展只能靠你了。以後我們早晚有老的一天，要靠你來養活我們。劉備這一生只會說一句話，翻譯成現代漢語就是：這可怎麼辦？於是身旁聚了一大群的人才，本屬於三流的人才，最後也成了一流的大將軍！

　　這就是牧樂定律的一種表達，萬事萬物總要一分為二。人們總是在找對立方，你不給他創建一個，他就會與你對立。即：只要形成相反的二物。事物就會發展。你是二物的正還是負，當你讓對方成為正的時候，對方就總是在付出、努力。總之無論什麼時候和什麼事，若要發展，都要創建為二物，二物相襯，互初新生。

《生物》

利用牧樂第一定律解讀——神秘的生物

　　一個人的靈魂是非常孤獨的，人從生下來就會去尋找自己的另一半。這一半指的就是牧樂定律中，二物的另一物。靈魂當然是物質的，是物質就會遵守這個原則，就會找另一半。

　　首先我們看看地球上所有的生物，全部是相反的兩性繁殖，絕對符合牧樂第一定律的條件，再次證明此定律的存在。生命體所有的器官都是成雙成對的，就連人的身體、生殖器、人體的內臟，大腦都是雙的，這也符合這個定律。只有手指、腳指是五個，這就讓單獨的手或是腳不平衡，一個是左負，一個是右正，當配合一起達到了平衡。

　　這只是牧樂定律的前兩項，即二物，二物相反。若想運動必須要堅持互補，左腳向前一步，停止後，右腳去追趕，如此反復完成了運動。雙手攀爬也是如此，耳朵和眼睛也是一樣，左右往復地矯正，才能判斷出最準確的位置。這當然符合數學幾何當中的定理，兩條不平行的直線才能確定一個交點，若平行了就不符合牧樂定律了。（如圖A）

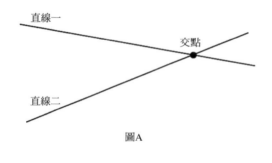

圖A

　　再後來科學的發展，讓我們認識了人的染色體X與Y，精子與卵子等等。那麼我們不知道的，肉眼看不見的還有多少個正負器官呢？

　　當我們在決定某一件事情的時候，總是朝正面想一下，再朝反面想一下，也像兩個不平行的直線，在找一個交點一樣。既然以上證明了意識是物質的運動，因此意識也是人的雙器官的活動，也像手腳和其它器官一樣，有模有樣的。只是我們現在的科技看不見而已！

　　根據牧樂定律，在比我們小的單位粒子空間裡，時間可比我們過的快啊！

　　下面我們就舉幾個我所遇到的奇怪的現象。分享給大家：

　　故事一：在我小的時候，我還不能走，我就記著我躺在炕上，看到一團水滴狀透明的液體，大小有3個雞蛋大小，向窗戶上的玻璃一沖一沖的。而我的心也跟著一跳一跳的，但心情卻無比的快活，過後還特別想念這種感覺。

故事二：有一次我帶著兩歲小孫子到病中的岳父、岳母家。小孫子驚恐萬分，眼睛瞪的大大的、通紅的，眼淚向外流，哇哇大哭，從來沒有見過過她這樣的表情。還有一次到一個古樓，室內有很多人，她指著空樓梯，也是這樣的驚哭，但是在場所有的人什麼也沒有看見。

故事三：在八十年代，很少有人徒步穿越羅布泊，那可是真正的死亡之谷。我的朋友推著一個自行車，帶了一把鐵鍬，一塊布，還有水壺和食物，就這樣來到了羅布泊的邊緣地帶。走到一家人戶，這家的人告訴他，小夥子前面已經沒有人家了，我這裡是最後一戶人家了，再往裡面走就危險了，天也快黑了，快回去吧！然而他想說什麼，又不說了。因為他們哪裡知道，我就是來穿越羅布泊，還怕什麼天黑和冒險呢。於是徑直走向前方，不一會兒，後面的房子就隱隱約約的看不見了，只見西邊的太陽漸漸地落下了。原來這無人區真的是一望無際，太美了！也特別的靜，靜得連自己的心臟都能聽得到：咕咚、咕咚……地好大的聲音。從來沒有遇上這種感覺啊！走著走著就看見日落的不遠處，有一個古代的城池。城門大開，門口有進進出出的馬車和人流。不一會兒走到跟前，還真是車水馬龍的。他什麼也沒有想，很自然地就進入了城門，來到了一個集市旁，首先想到的是，找個旅店，先住下吧。於是就找旅館，找了半天怎麼也沒有找到。於是就把自行車往地上一放。走到了一個在地攤上賣菜的婦女身旁。想打聽一下哪裡有旅館。這個婦人還看了看他，可是當他剛想一張嘴的時候，周圍是一片的漆黑，什麼都看不見了，什麼都沒有了。啊！這是怎麼了？難道遇上鬼了。站在那裡半天也沒弄明白，膽子大的他以前就是在火葬廠工作，天天與死屍打交道，反正他也不在乎這些事，既然已經來到了一個城市，那就住這裡好了。於是在地上挖了一個坑，上面蓋上一塊帶來的布，就這樣簡易的房子做成了，於是就睡著了。

　　當我問他這是怎麼回事的時候。他説是自己太疲勞了，自己的靈魂出竅了，於是就看到了另一個世界的事。當想張開嘴的時候，靈魂不得不歸竅了，所以就什麼也看不見了。

　　這個故事讓我至今難忘，也成為了我，早年開始探索未知宇宙的動力。

　　故事四：七十年代，我小的時候父親被批鬥，我們全家都被下放到農村。那時候的農村，十幾里或幾十里路不通車都是正常的事情。村裡有一個單身老農民，與幾十里外的弟弟是雙胞胎。那個時候沒有電話更沒有手機，有一天早晨，我問他為什麼今天做了這麼多飯，還殺了一隻雞？他説弟弟今天要回來了。我奇怪地問你怎麼知道，哈哈每次我都能感覺到，他在往家裡這邊走啊走呢！等到太陽落山了，天快黑的時候。弟弟果然來了。這件事讓我從小就迷戀上了未知科學，可那個年代是不能亂講的，講了就會説成是迷信，弄不好會被批鬥的。只能在心裡面嘀咕！

　　這一切神秘不解的事情，讓我不相信現代的科學所做的解釋。因為大部分是親眼所見，所以不會懷疑神秘的東西是否存在，只能懷凝現代科學研究太淺薄了！

　　記得我十幾歲的年齡，走在放學回家的田埂上，聽到生產大隊的大喇叭裡，這樣講的一篇物理學家陳景潤的文章。大概意思是，據我們瞭解到的太陽系和以外的星系，根本不可能有太空船現象，宇宙中根本不可能有生命存在。當時我就想他説的不對啊！那星系外面不是還有星系嗎？那可是無限的。假如不停地找下去，終有一天會找到的。不是沒有的問題，而是遙遠和時間的問題。就這點事！然而現在還有很多人，還沒有弄明白！還在還懷疑是否有宇宙人呢？我們都應該想到的是，無論是什麼情況，只要加上了無限二字，就會要什麼有什麼，只要你能想到的。

　　我曾寫過一首詩，前兩句是這麼寫的：天地本是一粒塵，環宇可尋同命人。意思是説就連和你長的一模一樣，又同名同姓的人都會找到，只要是無限二字的前提。

　　總之，人類在神秘的宇宙面前，知道的少之又少。以上講的故事現象，用牧樂五定律是這樣解釋的。人的靈魂就是我們的未知器官，不但有而且會更多。如果科技進步的時候，就能拍攝到它的影像。那個時候我們看到自己的形象就不是現在的樣子了。或許是頭上長出很多觸角，身體後面，都拖著一條長長的尾巴，這些觸角和尾巴是由更小的微粒組合而成。這就像用CT機看人類全是骨頭，用肉眼看到的是肉。再用其它更小的粒子射線，看見的人類又一個樣子。它們可以在其它比我們小的單位粒子空間裡，同時也存在於我們的體內。它們是體內、體外相連的。

　　由於是在另一個比我們小的單位粒子空間裡，所以那裡的時間比我們過得快。因此會提前知道未來要發生的事，所以有時候做的夢，和以後發生的事情一模一樣，也就不奇怪了。兒童或者身體虛弱、疲勞的人，這些靈魂物體會探出頭來，像手腳一樣伸向遠處。當然了有的人有，有的人從來也沒有過。這與我們平常所見到的人，肢體長短、長相、高矮胖瘦不一是一樣的。

　　有的人會有第六感，也就是說除了有聽覺、視覺、嗅覺、品覺、觸覺，還有一種感覺，就是好與不好的掠過。有時候我們乍看一個人，或乍想一件事情，有一種不祥的預感。或者是說無緣無故地不愉快，總覺得有什麼事不對勁，好像有什麼事情要發生。如果說有遇上這種情況，就不要與這個人打交道了，覺得不好的事就不要去做，遇到心情不好的時候，就那裡也不去，什麼事也不做決定。

　　然而這種第六感覺必須是心靜，寡欲的情況下才能體驗到。僧人打坐、心空，心靜的人、心善的人最有體會。

　　更有一些指揮千軍萬馬的將軍，有很多打勝仗的，就有這種直覺。也有很多老闆有這種感覺，也因此有智慧的人越是在緊急的情況下，就越保持冷靜，讓靈魂出來判斷。所以往往在夜深人靜的時候做決定。

我們平常人應該經常釣釣魚，進入寺院靜靜心，讓欲望減少。智慧就來了！或者這就是神學的根本？！人無欲，無雜念，心靜至一定程度，靈魂就要開始上班了。即看不見的人體器官，開始工作了。

人體有幾套器官和功能？我們不得而知。只有把當前所有的器官和大腦思想關掉的時候，人的另一套系統才能打開，也就是靈魄才能出來，這就像潛水一樣，當潛入水中時，空中所有的感受和景物都不見了。反之水中的景象也看不到了。其實這些看不見的器官靈魄，只不過是更小的微粒組織器官罷了。它們應該是在另外一個單位粒子空間中，時間過的快，所以才會先知道，我們這個單位粒子空間裡要發生的事情。也就是說它們那裡先發生，而後我們才發生。根據牧樂定理分析，所以佛學的禪靜，能打開其他器官的功能，只有靜心後，才能感受到的資訊？當知道了這些再看《心經》的時候，恍然大悟，原來佛教每天都是做這些事情。她們在與另一個世界溝通，那裡是科技的前沿。

總之無欲者心靜，心靜者靈魂出竅。出竅者生智也！先知矣！

還有一些生物比如黃鼠狼、狐狸，經常聽人講，這些動物有靈性，可以改變人的意識活動。其實這是迷信，這些動物能夠釋放出一些微粒，我們未知的化合物，與我們的意識產生化學反應，豈不是很正常嗎？以前我們認為地震前動物們都知道，說什麼的都有，有些動物有靈性，成仙了，比人先知等等。

後來一位德國科學家最先發現，只要給任何石頭壓力的時候，都會放出電流。由於地震前，地殼已經開始慢慢地運動被擠壓，釋放出電流，動物又是接觸地面，而且它們身體的電阻比人類小，所以先會感到不舒服。亂竄亂跳、狗叫雞鳴、魚兒跳、老鼠滿街跑都是被電過的。地震發生時，釋放的電流能量更加增大，我們就會看到地光和打雷的聲音。又由於地面的電荷會吸引雲霧籠罩，甚至愛下雨，這當然都是電流惹的禍。然而還有多少本是一些自然的東西，由於人類不知而神化、迷信化？

所以按照牧樂定律的推斷，生命中的DNA，遠遠沒有結束。又是什麼物質組成的DNA？它後面又有多少更小級別的單位粒子所控制組成的呢？答案是無限的！

所以是否有其他的單位粒子空間的高級生命，在控制我們的密碼呢？答案是有可能的！人死後靈魂存在嗎？在其他的單位粒子空間繼續生存嗎？答案是絕對的！

在我們所處的單位粒子空間中，在遙遠……遙遠處一定會有與我們同樣大小的生命體。也許他們早已同比我們更小的生命體，比我們更大的生命體，已經聯繫上了。或者同級別的生命體之間也早已經聯繫上了。他們的聯繫方式，可以把自己變成更小的單位粒子空間的人，運動起來比光速大很多，去解決路程的遙遠。然後再還原正常的單位粒子生命體。或者用傳導密碼手段，在對方的世界裡複製同一個人，再把意識變成密碼傳導過去，這可能是最好的辦法。因為幾億光年的距離，意念就是一瞬間的事，意念的速度遠遠大於光速。

其實這些並不奇怪，就我們現在來說，當我們都縮成小螞蟻的時候，再看我們人類有多大。螞蟻又是什麼樣子的世界？照樣生老病死，育兒生子，工作繁忙，戰爭侵略，階級等級。那麼我們就可以想像出，比我們大的或者小的無數的、單位粒子空間的生命體。不但存在，而且無數之！

如果把人類和地球看做：下雨了，窪地出現了一個小水泡子，裡面生了一些小魚就是我們人類，地球就像沙漠中的一汪水，隨時都會被蒸發掉。更微小的生命體，更多大的生命體，也就是宇宙人，多得無數。這些無數的生命體，看到有一個小水泡子，於是就來轉一轉。這些人就是我們人類，所以我們人類就是一個意外。

　　因此還是那句話，實事求是，格物致知，去人欲，存天理。我們永遠不應該自認為，事實不會因為你不相信而不存在。

　　以上是用牧樂五定理，去推導我們人類生命的本質和未知之謎，推導其它單位粒子空間的各類宇宙人。

《植物》

　　牧樂第一定律掃描世界——神秘的植物

　　當我們觀察任何種類的種子，就會發現都是分兩部分的。首先符合牧樂第一定律的相反二物的條件，若想成長，二物開始發芽，左右兩邊各不相讓，左右交替生出葉子。每一片葉子長到一定程度，就靜止再不生長了，有著一樣的週期性。把小苗橫過來，正是於皮球落地運動一樣的軌跡。即二元相反波動軌跡圖。（如圖B）

牧樂第一定律二物運動圖

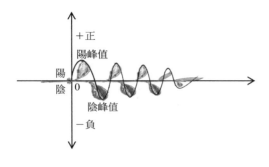

圖B

　　在植物的枝葉、花蕾中到處都是對稱的。在開花時節，與生物的公母交配、生子沒有什麼兩樣。整個過程完全是牧樂第一定律的再現。

　　根據牧樂的五個定理推論，植物也會有其它我們不知的器官，即我們看不見的花枝葉。因為在成長的過程中，也一定會有我們未知更細小的物質，在結合生長。那麼它們是否也會有，我們看不見的觸鬚和拖尾的器官呢？

　　有語言、有大腦、有意識活動？在它們的後面，在更小的單位粒子空間中，它們或許是一種高級生命體？這些都不是不可能的。希望未來有人沿著這條路探索下去。

《化合物》

　　利用牧樂第一定律解讀化合反應。

　　宇為二物，二物相對，互補新生。此定理整個描畫了，兩個相反帶電粒子結合的過程。

　　當發生了，已知的兩個粒子結合或分離的時候，所釋放或者吸收的能量，在牧樂定理推斷中，這個能量一定是更小的未知微粒！這是在更小的單位粒子空間所發生的事，即所有的能量都是物粒的活動，即分散與聚合。

　　然而在比我們大的粒子空間中也是如此。牧樂定理中所揭示的是所有星系和所有分子、電子都是一樣的粒子，只不過大小不同罷了。而且大到無限，小到無限。我們現在所瞭解的星座，只不過是一個大粒子的一部分，我們看到的一個原子，裡面也能找到很多星座。這是由於宇宙的無限，讓我們認准的事實，而不是說誰敢於想像的問題。根據牧樂定理我們只要找到了三項性，就會發現新物質的證據，即微粒。

《物體運動》

　　利用牧樂第一定律解讀——物質運動的特性。

　　所有的物質運動都可以描繪出來，二元相反波動軌跡圖。（如圖C）

雙腳行走	活塞運動
蛇形運動	物體滾動
高山斷面	沙灘斷面
海浪斷面	雲波

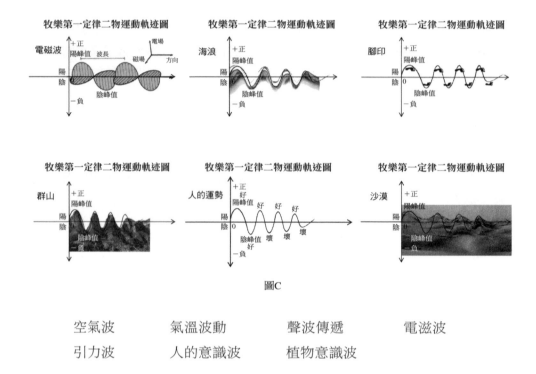

圖C

空氣波　　　　氣溫波動　　　　聲波傳遞　　　　電滋波

引力波　　　　人的意識波　　　植物意識波

《超然反應》宇宙的黑洞現象

　　超然反應就是比較大的微粒，化為比較小的微粒。大粒子坍塌成小粒子、小粒子堆成大粒子過程。在這個過程中釋放出來的巨大能量。

　　也就是說釋放出來的微小粒子種類和數量增多，所以反應激烈，反之吸收的也越多，這個現象可以解釋核反應和黑洞現象。簡單地說燃燒的木才，所釋放的所謂熱能，其實是未知更小微粒的分離，即所有的能量、輻射都是微粒子的集合或者分散。

　　然而粒子與粒子之間，越是大小差距大，越很難發生超然反應，在此牧樂定律已經有解。即大粒子和小粒子之間不產生化學反應和物理變化。

　　牧樂第一定律解析——兒童成長的過程。

靈魂的二物相對

每一個孩子剛剛出生都會尋找她的那一伴，這就像我們觀察所有的種子，一定是由兩部分組成一樣。

而她只會選一個，決不會多個，也不會不去找，並與之產生互動，也就是與之學習、模仿。

這是牧樂第一定律所得到的結論。

在不同年齡階段，將尋找不同的伴侶。

剛剛出生就是媽媽，當孩子會講話的時候，就是問她誰最好的那個人。再長大可能是常看護她的那個人。上學後，可能是老師。再大一點可能是某一個同學。談戀愛了，當然就是被戀者。人老了可能就是子女或者某種信仰，更有甚者寵物。

以上就是人生從小到老必有的伴侶。如果在任何一個階段沒有其對應的伴侶，都會很孤獨。尤其兒童如果得不到應有的另一半，長大以後心靈會不健康。

每一個時期的唯一伴侶，對一個人的成年影響很大。

下面分析各時期伴侶對一個人的影響。

1. 幼兒時期

二物或叫伴侶應該就是哺育她的媽媽。

有了伴侶才會覺得安全幸福，當然對她不好，將是痛苦萬分。丟失的幼兒，或者過早完全託付給月嫂的孩子，孩子心靈深處永遠會有陰影。因此父母儘量不要離開自己孩子的視線，否則就會讓孩子很痛苦。

2. 少兒時期

她會在父母、老一輩、保姆中選出一個人來。其實你問她，誰第一好，她就會告訴你的，這個人一定是對她最好的那個人。

這個人太重要了，她會模仿他做很多事情，甚至長相都會隨著她長，我們發現討來的孩子也像其養父養母，就是這個原因。

所以在一個家庭裡，儘量促進寶寶與最有知識、有修養、有能力的人，與之成為伴侶，而不是互相爭奪，更不要開玩笑式的說有能力人的壞話。這一點很重要，這很容易讓她排斥優秀的東西。當然了這個伴侶如果對她不好了，她會很傷心，不在身旁就等於失戀了，這個人若心態不好，孩子成年後心態也會隨之受影響。

3. 入學兒童

這個時候會崇拜老師，或者完全把老師變成了伴侶，因此老師是否優秀或者對她的態度，決定她成年後具有什麼樣的思維，老師對她好，長大以後她就會很自信。反之，就會很自卑。所以找到一個好的老師很重要。

但是家長還應該充當孩子的領跑者，孩子就像是跑接力賽的接力棒，需要家裡原來的伴侶和學校老師共同關心。因為一般的老師面對眾多學生，不一定周到。

要想打垮、幹廢你的孩子太容易了。最怕做的幾點，那就是你父母平時說的話。

輕者：快去寫作業，你怎麼又玩上了呢？好好學習啊，要不長大了就沒有出息了。重者：你這沒用的東西，你看人家的孩子學習老優秀了，你再看看你。

只要父母是這類型的，孩子沒有一個學習好的。長大後不但沒有自信，而且還自悲、自願放棄、墮落、甚至抑鬱和自殺！

那麼應該是怎樣的呢？

應該是這樣子的：寶貝呀！你作業寫完了嗎？你會寫嗎？你寫給爸爸媽媽看一看。小朋友們都寫作業了，我看你也一定行。

把催他寫作業，變成了鼓勵和挑戰他，寫完作業就是一頓猛誇啊！

前者是讓孩子失去學習的興趣，把學習變成泰山壓頂的苦力，痛苦和不幸的遭遇，你學也得學，不學也得學，否則就沒法活了。時間久了那來的興趣，你說我就學，不說我就不學了。

後者是培養孩子的興趣和愛好，以後孩子會自動自發地學起來，而且是越來越聰明。

還有一種叫示弱的方法：寶貝長大後媽媽爸爸老了，要靠你保護喔。那麼你的孩子自然就長大了，有擔當，有志氣了。

我有今天就是我有一個偉大的母親，母親從來不督促我寫作業，只是偶爾告訴我學會數理化能走遍天下，母親說我這輩子什麼也沒有，就是養活了你們姊妹幾個。我是沒出息了，就看你們的了。偶爾又告訴我人一輩子幹什麼都行，幹什麼都是過日子。唉！她越是這樣說我越是不甘心，我越努力，越要志氣。

所以你的孩子為什麼考不上清華北大。是因為你家的風水不好，這個風水就是父母的這張嘴。這張嘴是哄你讓你自然而然的成為優秀的人，還是殺人不見血，廢了孩子一身的才華和一生的幸福。無論是誰，經常嘮叨的，即使是爺爺奶奶，也一定讓你他遠離孩子。

請各位家長記住了：生而知之為上也，學而知之為次矣，困而知之，為再次也！宇為二物，二物相對，互補新生。你與孩子之間，就是這個二物，你強他就弱，而你弱他反而強。

4. 中學時期

她會在她身邊的同學中，找到一個伴侶。如果這個同學很優秀，她也會優秀。如果這個同學有不良習慣，她也會跟著學。這個時候有的孩子，對父母徹底沒有了伴隨，也就是所謂的叛逆期。這個時候孩子更要加強引導教育，而不能打罵，很容易走極端，犯罪、抑鬱、甚至自殺！

5. 初戀的孩子

初戀的情人當然是獨一無二，會更突出二物相反的定律。如果再想與其他人談戀愛，一定要先把以前的辭掉，才能與新的相處。初戀時期，絕對不會一腳踩兩隻船的。因此，初戀體現了人性的本質：唯一的相反的二物，即牧樂第一定律。

再長大後可能會是事業上的領導者、伴侶、情人、老伴、子孫、愛好、信仰。或者分散式的，都有一些。

總之，一個人就像定理中所描述的那樣。越是小的時候，越會認准一個人做為她的伴侶，並與之結合互補，如果沒有，或者對其不好，成年後會心靈殘缺，自卑，抑鬱，自殺，傾向暴力等等。

6. 三十而立必過的三關

人過了三十歲以後，二物伴侶選錯，將會帶來災難。榮譽欲，情欲，物欲。

因此產生了人生最難過的三道關：虛榮關、美人關、被騙關。這三道關只要是人，必須打這裡走過，無論多麼偉大的人，誰也別想繞著走過去！就像鯉魚跳龍門一樣，百分之九十九的人都走不過這三道龍門。即使走過去了，也會傷痕累累！

大家都知道沒有肇過事的司機，不是好司機。你若肇過一些小事故，那你就便宜了。

因為經驗必須是經過自己總結，通過一些小事故、小損失，就總結了開車的實踐經驗。

相反你從來也沒有肇過事，很可能就會遇上一次大的，車毀人亡。

所以人生必過的是三關。天降大任也，斯必將先貶其體膚矣！

第一關：虛榮關

有這麼一位房地產的老闆，在當地也稱得上數一數二的首富。可是去了一趟北京，見到了更大的老闆，一看大老闆身邊的朋友，都是大腕明星，那吃一頓飯都夠自己賣幾套房子的。再看看自己身邊帶的美女，太羨慕北京的大老闆了。再跟著領導出了幾趟國，身邊的朋友、領導、小記者一忽悠，連北都找不到了。我就應該是那上海灘的一條龍啊！還真把自己當成世界五百強了。回到家裡，就開始貸款，也不考慮是否符合經濟規律，盲目地投資和透支，幾年的功夫，資不抵債，傾家蕩產。

這個老闆這麼一回憶，那個後悔。當初要不是！唉！當初本來多好哇？我跟人家比什麼呀！

其實一個人能有多大的財富，和一個人的才華有關。你有多大的才華才能駕馭多大的財富，而且還必須要有好的機遇。實際上說的德不配位，五十知天命都是指的這個事情。

人都願意聽好聽的，人啊忽悠忽悠就迷糊了。榮耀就是一副興奮劑，讓欲望放大，讓智商變為零。所有成功的人士，都會經歷這一段時期。就像開車肇事一樣，誰也繞不過去，小的損失，你就便宜了。總結了經驗，你還有挽救的機會。大的損失，讓你一下子就趴下了，一生就完了。你看一個人始終是窮，也很歡樂。但是人最難熬的就是從富到窮啊，因此這個人不久生命也就結束了。

在成功的人中，有大量的人，都失敗在虛榮這個關上了。

第二關：美人關

美人的誘惑，一天兩天能受得了，時間長了絕對受不了的。

尤其人到了40歲左右，夫妻久了，就像生了鏽，裂了縫，沒有了新鮮感的時候。人在這個時候很容易拋妻棄子，誰也繞不過去！你看歷史上的皇帝能繞過去嗎？

那為什麼離婚以後會影響事業的人特別多呢？

有人說，我不就是換了個媳婦回家嗎？

今天我們就談一談這個話題；

你後找到的都是看你的事業有起色了，所以好人的概率小。即使她是個好人，但不能與你共苦。遇到難關的時候就會埋怨你，你自己也有壓力，所以就會盲目地投資。

還有你以前的成功，或多或少都有你原配的合作。還有後找的所生子女與前妻的兒子就是不一樣。你看看在歷史上，皇帝的子孫是不是一代不如一代。因為後面專門找好看的，也不考慮智商和基因問題，所以後邊才一代不如一代！

總之，你原有的，讓你步入成功的風水變了！所以大部分離婚的結果都不是很好。

大家都知道有人把公司扔了，陪著小媳婦兒到國外學習的，為了人家花天酒地大把花錢，裝老大，想當更大老闆。總之，歷史上的帝王都沒有什麼好結果。你又如何呢？

因此美人這關，一般誰也別吹牛，都跳不過去。

所以講到這裡還是說，如果你像一個新司機一樣，肇過小事故，有過被女人騙的經歷，而且沒有離婚，那你就便宜了。

也就是說沒有肇過事的司機不是好司機，沒有過經歷的男人不是好男人。

第三關：被騙關

你可問一問，50歲以上的人，誰沒有被騙過呢？幾乎沒有！而且有人統計過，人這一生被人騙的錢，遠遠大於自己花的錢！我自己這麼一算，我也是一樣的。

　　可能有人會不服，我多聰明啊！我要是騙別人還行，誰也騙不了我啊！可是人外有人， 天外有天。

　　司馬懿那麼優秀，被諸葛亮騙了他多次。諸葛亮為什麼這麼厲害，那麼以前也一定也被人騙過，否則那來的那麼多經驗。這不只是聰明的事，書中沒有表達而已！縱觀歷史，又有那個帝王沒上過當呢？所以誰也不敢保證這一生不會被人騙過。

　　俗話說吃虧就是佔便宜，這句話還應該這樣的解釋，你經常被人小騙，你也就會在被小騙中，不斷總結出經驗來了。別人再想騙你，也就不好騙了。那麼你從來沒有被騙過，到老了一下子被人騙了個大的，這一下子就天塌地陷，你這輩子都別想翻身了。

　　這也像學開車一樣，肇點小事故比不肇事的司機強，以後肇大事故的機率降低了。

　　騙子往往會利用人們占小便宜的心理。給你送點禮物，讓你占點便宜，像釣魚一樣，先撒上食，也叫打窩子，等你上勾。

　　也有放長線釣大魚的。為什麼俗話講，占小便宜吃大虧呢！所以行行都有行規和手段。

　　總結的伎倆：騙子往往經常說，我認識誰誰，特意把與某一名人的合影讓你看。利潤大大地，掙錢很容易地。誰誰都已經發大財了，大大地。天下沒有他辦不成的事，沒有他不認識的人。

　　越是這樣越是假的，給你的利潤越大越是假的。所以被人騙的根本問題是，利用人們對金錢的欲望。可是人們對金錢都會有欲望，所以誰也跑不掉。在釣魚的時候，魚若老不上釣，釣魚人就要反復地換食了，所以總會有魚上鉤不可。

　　那麼做為我們只能儘量減少對金錢的欲望，最最重要的是儘量不要暴露自己的智慧和隱私，別暴露自己的智慧在什麼層面和深度。也不要說破騙子的伎倆，以免騙子在你面前變換更高的手段。

總之，騙子在你身邊有的埋藏幾年或更長久的，有投其所好的，有幫你辦事的，有給你送禮的，更多的是幫你掙大錢的，有比你親人還親的，更有的是陪你上床的。

總之，無論你是誰都難過這三關！自古以來帝王將相都避讓不及，在這三關中倒下了。所以要修無欲，只有無欲望的人，才能過關。

《藝術的境界》

利用牧樂第一定律解讀——藝術範疇

一本書、一幅畫的作品都要為人的意識而滿足。在以上早已經證明了，意識就是物質的運動。要想驅動人的意識，就要給予她相反的二物。

在小說的故事情節中，一個好人和一個壞人，彼此互相占上峰，故事情節才激烈，其缺一不可。

書法和畫中靠什麼去表達二物呢？

一、快慢、大小、長短、粗細、方圓、濃淡、乾濕、多少、繁簡、肥瘦、美醜、老少、遠近、上下、左右、高低、虛實、疏密、曲直、正斜、平險、雅俗、拙巧、生與死、有與無。

二、富貴與貧窮，高大與卑微，正義與邪惡，大喜與大悲，完美與殘破，窘迫與奢華，平凡與高亢，繁雜與寧靜，孤獨與豪放，幽默與耿直，直白與含蓄，腐敗與新生，具象與抽象。

要想在藝術上表現出後半部分的對比，人生必須要有經歷。

乾隆皇帝天天在皇宮裡，連擦屁股的人都會有。你說他還能有什麼體驗呢？

　　李白走啊走，走的路斷了，吃的、用的、什麼東西都沒有了，那真是又渴、又餓、又累。所以才能寫出：山重水盡疑無路，柳暗花明又一村。前提吃飽了喝足了。還能寫出來嗎？

　　在水足肥沃的土地上生長的秧苗，碩大、飽滿、肥美、壯觀。

　　在高崗岩縫中缺水少糧，或者是曾經被攔腰截斷過幾次。再重新生長出來了。才能生長出古木奇松。

　　人經歷了長期的痛苦和磨難，甚至瀕臨絕望、走入絕境。當成功後人生才最燦爛、最有價值、最有魅力。

　　也才能寫出不平庸、不一般、不一樣的作品。

　　所以藝術最後寫的是，人生的閱歷和故事，否則永遠都是在重複地繡花。

　　在唱歌的時候，胸腔、口腔、鼻腔、腦門內的共鳴處越多。歌聲越好聽。越有磁性。

　　所有的樂器也都是共鳴，多弦、和絃的彈奏伴奏，每個共鳴都是多了一個波動。即一個相反二物的互補。

　　樂譜的旋律，更是重複的波動，宛然曲折，悲悲切切。情節聲聲，動人心魄。

　　舞蹈是單個肢體的波動，雙手、雙腳，雙腿的對應互動，整個身體的波動。波動和相反的互動越多，舞蹈越精彩，人們覺得越好看。

　　裝修設計也是一樣，重複的線條，重複的形狀，也就形成了波動。多設計出一些對應，回廊起伏層層疊疊，越多越好。顏色搭配的重複，所形成的重複波動。

　　也就是說一個女孩子穿一套紅色套裝很土氣，如果十幾個女孩子身上同樣的套裝，成為了一道風景。

鳳凰古城就是老百姓生活中的房子，單獨一間房子沒有什麼出奇之處。但連上了片，就不一般了。一個山頭很一般，但是大體相同的山頭連成片，就會成為旅遊勝地！

因為波動就是二物相反的互補，就符合牧樂第一定律。就能驅動人的意識，這才是真理。格物致知！

《嫉妒心的產生》

利用牧樂第一定律解讀──人的本性

嫉妒心是怎麼產生的？舉個例子：兩個人在一個賽場同時出發賽跑，你比他跑的快，他一定會嫉妒你。如果不在同一時間或者不同場地，你成績再好，他也不會嫉妒的。

人總會嫉妒身邊的人，這是因為把對方當作自己的相對的二物。你進步了，他卻沒有，根據定律他就會追趕，追趕不上去，就會失落、難過，產生怨恨。

所以知道了這個定律，就要始終與別人保持距離。別讓身邊的人認為你是他相反的二物。這才是根本，這與人品無關。隱藏才華和財富都不是最好的辦法。有時無法隱藏，你不優秀還會被人看不起。

因為在遠方的人，無論多麼優秀或者發財了，也不會嫉妒，只會欣賞和崇拜。當你發達了就不要與你原來的同鄉、同窗、同事、表親走的太近，能幫助就幫一下，然後少接觸。甚至用穿衣戴帽，生活習慣，讓自己與眾不同些，避免讓身邊的人產生二物效應。再好的朋友也不要把自己的隱私告訴她，這樣避免日後你進步了，她會把你當做參照物嫉妒你。

一山不住二虎，一把手要獨攬大權，別讓手下與你稱兄道弟。即使在平常也要立規矩，讓手下知大知小。否則時間久了他也會把你當成相反的二物。正所謂的帝王之術，獨攬大權。

　　反過來，二把手一定要禮賢尊上，別讓你的上司感覺你是他的對手。從古至今凡是功高蓋主的人，都沒有好下場！所以大智慧的人往往功勞越大，越謙虛。功高的人在這個時候，只要有人說點壞話，你立刻大難臨頭，索性不如先告老還鄉。因此官大你一級，你一定要把他放在高位，才能讓對方不覺得你是他的對手。理學中講的三綱五常，最大的好處是為了保護自己。勞記君為臣綱，無論在任何時候，任何地方，都不要與君平起平坐。就算明天就接替他的位置了，今天晚上一刻也不能僭越。若成為平等的二物，他即刻會產生嫉妒。歷史案例中即使父子之間，一個太子很快就要接班了，但是你提前一點時間，皇帝也認為你大逆不道。

　　歷史上有多少功臣，又有多少才華橫溢的人。反倒受害，淪落為了犧牲品。

　　然而歷史在不斷地重演，我們的身邊每天都在發生重複歷史的事。因此知道了物質總定律，知道了意識是物質的運動，就瞭解了人性的本質，就永遠不會走錯路。格物致知！

　　總之，當我們利用牧樂定理掃描這個世界的時候，一切都豁然開朗了，再複雜的問題也會變得很簡單。

| 4 |

《宇經》牧樂

　　寒山只留白骨，春水先綠高陽。依舊朗朗千里，末日茫茫幾枯。

　　宇宙之鎖曰：儻山中之甲，苦山形也。雖象背之上，焉知象足矣？余環宇尋物，方得宇之貌焉。

　　常遁其鎧甲，偶明物汎浮，窘迫且避讓，不聞粗夫相擾。女郎夜燈引往，翩翩掠月而消散。

　　上蒼樓殿高崇，雲海妖妖，玉盤映水。生靈之現，閶闔明日：商後數年與文王之，少之又少。無奈以木棍截之。示二物相對，便易傳經。今于爾等凡間修經；締造真播；樂其世同名之。遂萬耀星辰，流光無形而閉合之！

　　慈母冷暖呵護；幼雀煙火懵懂。逢老修曰：龍哺虎仔，燕子搭廈。朝霞暝霏，蓬萊觀風之所屬。表其天庭地府，飽滿圓潤而中正，悟真靈之。婦後必其利之。淩虛禦風之無難。家田萬頃，老宿丹宮，朱門映柳；壽仙紫霄，婦越奢靡哉。吾已觀焉！

　　天風寒雨，波濤起伏。蒼煙白露，斷蔓而荒荊哉。嗟呼！蹉跎三十而不立，猶杳渺而無跡。且常聞狐黃亂人毀神；蛇精魅惑；法師移物；仙道穿牆而無蹤；佛真靜而靈浮竅；況余夢先知，咸濛濛羽覺。也曾白明泳窗而末得其解。淩空遐思欲往之。況思曰：無限乃是，無盡乃至，無休乃同，無止乃於，無有乃有。豈不等同之？嗟！與塵俗不合，常被異病而冶。況幼小童軀旁惡發難。百般無奈而面蒼世俗。

久而誠勤，是而何畏。立骨為鐵，遇事神助。終有紅樓朱門之預。白髮見初，神清意消。重歸故里而縱身霞道。於山僻荒涼之徑，隱隱滄溟，挹顥氣於身，終騰空漂浮！

儻吾身之次，依小而往：雞、鳥、蟲、菌、微生無限。此乃生生不息，其終有精靈之見。

或空箱與載物之比，乃同質、同量、無盡之。何為其哉！解之宇形矣！

宇本無空，箱間永隙，儻無數小之，箱載永不滿矣。其重無盡之，且從未覺之？懼之。此乃相鄰之粒相引、相浮之。水浮船行千里，氣浮飛鳥掠過。箱宇大小層層疊加浮起，雖無盡，夫不知重也。

儻箱巨無限，入群星而列之。此乃宇形也。

箱物隙而永之，隙粒組而生靈之，可通之。況大小不合、不引之。方有生靈各態未擾之。粒生異世而無盡之。無奈大小之遙罷了。同世無盡，無奈路遠之礙罷了。子孫若得其見必尋天門之。

若一舟之行，無槳之，槳旁之，一槳左右擺之，雙槳左右擺之；將停也，原島也，離也，速行之。此乃正反兩物而動之；舟行之理屬萬象之歸：宇為二物也，二物相對之，互補新生矣。此乃宇物總律之！昔文王、文宣、老聃無不在此而出入。

因萬物動之，便有正負週期之。象皆波也。波乃量也。反之有波必粒之。

世俗之見，焉能不粒而波之。山丘起伏，乃石粒之，灘塗沙波，乃沙粒之，水波乃水粒之。雲波乃水氣粒之，聲波乃氣粒之。磁波乃電粒之，量波乃量粒之。遂宇物為粒狀也。

　　總之曰：雌雄而生，左右而植，正負而萬物。其互補而動之。無不週期之。

　　宇為物，物為粒，粒成群，群各空，空乃各世之，世乃各生靈之，生靈乃無限之。驅則正負之，動則互補之，軌則週期之，此乃宇世哉！

　　何為生之？生乃層層積矣。積小而無限，乃塔臺無盡也。其小生永古則體壯，小生塔而驅之。

　　布世萬象公律之。猶星雲有期，吐霧微生，人若逢反，生而更生，其體興財興之。謂之命運與之知。

　　吁嗟！宇之老朽。曾經幾何？昔時已無限之。生靈凡復萬蛻，神化無限，非凡者所知之！

　　聖神造物，上帝佑人；佛祖聖靈，善惡因果。何為大莫焉？各世無盡，時已無盡，靈脫無色，或早有神人相通。忽聞郎廟霍霍，此通也。懼焉之！念無神小生也；思無仙倉鼠矣。

　　若夫周遊之程無里，馳騁之時無年。御南龍而有南，淩北虎而更北。夫遐陬愚惑，習舊風卜坐小市，或居閭閈，或佝山藪，豈出攀籠。秉渺小而論浩瀚，得已知而無限知之？儻冬寒雪至，飛蛾僵尸而不知之。

　　帝成金相，乘風破浪，聖閑去留。勝乃真理，敗乃真理。勝敗出入之。於今世紀，取經而籍，何圖一旦，邈成千祀，碑書宛然，院宇風煙。建功不聞，歿沒之後，天下文明。

　　眷眷長思，悠悠我情，豆蔻之舊意，何有所營？倏銜初願，老修之預言。循服慈母，孝子盡生。老愚谷深，地僻生寒。若逢道尤同合，喜來相訪。

　　待曉入柴戶，篤日丹門。杏花飛雪而不寒，雲蕩寒霧而不雨。便緇布老圍，負藍攀嶂。骨上少肉與犬共食。雪寒煮酒與月共飲。以藥為食之，以食為藥之，咸通之。

詩曰：

太陽三尺高，露水濕衣袍。

彎曲由山徑，青蒿左右朝。

晚歸尚聞：高崗金像，天湖晚晴，水霞窮山，斜陽半明，橫風微拂。喜天宇于一色，浩瀚於適適；人間處處煙火。天下《佛經》、《聖經》、各道乃神所賜焉，夫何不隱而道之？樂哉！

與伴遂曰：無理失己，知理得天。愛融天下，愛墨即烏。承物因身，承世無身。人重往來，事事反復，天下無不週期之。若篤志如金，磨心致劍。知卑而亢，知不知之而知之，知不得之而得之，乃君道也。

斯承天下曰：隨心歸俗，興致入道。烏白流清，榛聞天香。高者無峰，水清正色。勿極止危，逢失待得。五步周同，七步盛天，寒門立骨，名不朝夕。怠者為食，躁者為獵。智者知前，幻者知後，茵茵而生，適適而餘。祖智自信，族興立信。明君辨擅，蒙君求獻。欲戒范雎，私齋簋鼎。德不朝癲，惠不贈懦。厲兵于征途，富庶於蟠踞。德體多繁、麗智多衍。善水行樓，橫濤兵周。點滴契洞，瀝水形川。滄枯于水，石破於瀾。山名于腐朽，水清於暗渡。人立坡山，終有偏見。

何成大業？何去官腐？唯有無欲者呈善，善者執正，善者得道而獲天下。自古英雄難無欲，西風故道盡蹣跚。唯知宇形、知物律、知生靈、知人淺、知無限者乃無欲之。

若善取無欲，癮官者無官，癮財者無財。無官心者馭大疆。無財心者成大業。無欲心者乃聖傑。宇妙為不求之而送之。皆無災禍。因理想而始終，無理想而永恆。皆絕六欲而有靈。

何為育人？童頑不限，頑而興學，頑而知材。造萬物而應萬材。樂而生靈，適樂合一，天下奇才。仙道體枯，大者無志。空白無限。盛者極窮。吾禮其禮，吾仁其仁；執道而得，執樂而康，萬物返矣。

　　嗟呼！寒苔瀘水。淤烏重生。壑谷明曰：望隱隱才通，聽微微方明。裁雲伏紙，舞風降墨。且老樹欲發芽，恰是少枝好。更知者于方正，更法者於無律。無私則熄，過私則亡。小私為愛，少私為公。步後測正，堂外聽音。

　　平正驅邪，縱橫致無。終隔世聖靈而降，人間懷胎，祈福造態。況《聖經》耶華悟心，不顏不語。此乃隔壁林間妙境之邀。

　　此隙流雲密林皆赤兮，霞光霍霍正西兮，

　　迹曰：花開有春有秋，智者何論老少。淨心見靈，朗朗逢月。明光不烏身，暗道階下黑。知已者避險，救己者避獵。

　　人過萬千，天老地古，悔而不滅，改而新生。

　　悔期末到，福音何來。不知者不憂，少知者少憂，多知者多憂。

　　耳後者聞，目後者見，步後者知，濁不與之。父樂智，母擔愚，旁者無憂。純清至美，臨高見廣。

　　愛極生憂，愛極生恨，愛過不見。君無旁物，善無斜見。愛無邊界，信無貴賤；愛遠災近。

　　情來男女，欲來雌雄。仙明值萬書，神識左右君。今做百年善，後裔有天堂。

　　此或間天光微芒，日漠無影，陰寒翕翕。

　　遂曰：邪淫殃己，惡意禍身。貴府明香，善堂明燭。言書正傳，眾有反指。善堂無懼，正窺不危。路有不平，怎奈無斜。一路歪斜，目歸正兮！

　　況藝術不規，天才不拘。即天才毀于規章，藝術毀於模範。行者知，動者見，愚者自。

物予人為善，知予人為師，悟予人為聖。

育不能而毀於之。教不全而亡於之。藝術乃靈魂之乳，情理之上。

愛無界碑，愛無因為，愛不曾經，愛無色階，愛不貴賤，愛不受制，愛無交易，愛而無怨，愛而捨身，愛無終點。

天默已降，幾鳥飛過，此乃晚歸兮。更有紛紛雜美，人無影麗。況顯氣烏蒙且磅礡之勢。

接曰：耐而不固，放而不浪，忍而自由，聞而未見，說而未說，前所未前，末而未末，是似而非，乃聖人之。

煉語如金，明慧如鏡。愛能所見，愛能所聞，愛能所體，愛能所助，愛啟財富。若不聞其訴，只見其鄰。皆安之兮。

秋田雨果，風華敗葉。禍將臨頭，危難不求兮？人無定所之。仁義四季，邪惡一秋矣！

相知有命，相逢有時，人生適世，時時不遲。人怨地悲，人怒天凶。公心者壽，公義者樂。愚歌悅耳，慧責祈福兮。牛馬鳴草，百姓溫飽。伏首得慧，側耳求正。分而不爭，序而不治。律道暢通之！

余見天烏湖蒙，星辰點點，天時正晚，依然炊煙餘嫋。

接曰：金石隱山，久練成精。義者論慧，裡外咸明。君助貧寒，義恤孤零。義者多舛，濟世苦難。眾生一命，皆為塵埃。

君不於惡勢同天下，夫不於緇布爭衣食，生乃死昔焉！

但君不憐詐，善不憎惡。儻愚者會愚，智者見智，自賞自樂兮？況心愁體苦，靈哀魄落矣。

一智千金，一慧萬諫。宜語金聲，適言闋舞。

且道行復道，山行復山，水行復水，萬物接連，難逃復歸。

嗟哉！貧樂兮，富恨兮，素清兮，葷悲兮？

先領者自損之，先行者後尾矣。父後子行，道不遷居矣！

君行眾美之美，眾樂之樂，眾往之往，明之。

願望一耳嘗百味，一耳視毫釐兮；正反較正兮。

浩瀚無垠之時，世已存活。況大至無邊，小至無隙。空蒙間隔各自，層層遞進無數，生靈百態無盡。宇化無數。終有天壤之別之物。即興之靈。

《心經》與靈之道，可謂無目了然，若乘虛而入。無心而見，無相而去。修空無至明空，絕空而有之。此乃棄吾世之器，啟另世之官。蕩色相於無無，兩世匯通。

間或天默如鏡，風清月朗，我截言之，驚悚之。旁曰：何故之？

余終日：舌不讒謗，舌不言亢，舌不多言，舌修不言兮。

余遂溪聲而去，舉酒邀月信步迂回，與友共亨天和浩空。

吟詩曰：

天地悠悠聖閒愁，本是一宮卻美醜。

若問浩渺有無有，仙人一指無盡頭。

5

《牧樂新宇宙論》解讀《易經》

　　有人說易經是非人類留下的科技或者早於人類，已經消失的，更文明生物的智慧。更有人說是一本天書，當國外發明了電腦，用1和0來運算的時候，才知道在中國幾千年前的易經裡早已經出現了。因此許多世界頂級的科學家都認為，易經是早已超越人類文明進步的科學。現在全世界都在研究它。但是越研究下去，越是覺得深不見底。

　　隨著宇宙的形狀和宇宙物質運動總定律的發現，這一刻，易經才真正被徹底揭開其神秘的面紗！

　　首先我們要知道什麼是《宇宙物質運動的總定律》。

一、宇宙物質運動總定理

　　簡單地說就是，只有兩個相反的物質，互相交替增加才能讓物質變化起來。因此所有的物質運動和變化，都可以表達成這個週期圖。（如圖A）

　　這張圖也就是宇宙所有

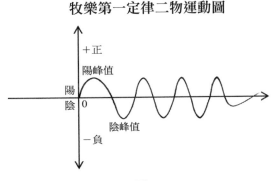

牧樂第一定律二物運動圖

+正
陽峰值
陽
陰 0
陰峰值
－負

圖A

物質運動的總圖。把易經的八卦圖上下分開，正符合這一圖。宇宙中所有的運動和化學變化都可以套上這張圖。反之，只要有這樣的軌跡現象，全部都是物質在運動。這二點非常重要，它是打開易經唯一的，一把鑰匙。

通過它我們就可以看到易經不是神學，是地地道道的物理科學。所以先學懂關於牧樂宇宙五大定理的論文。論文最終解決的問題是，1.宇宙的形狀，2.所有物質存在的形式，3.所有物質運動的總定理。

宇宙中所有的物質都是由小粒子組合而成的大粒子，所以物質均為粒狀的，宇宙就是無數大小粒子的共存。……未知無限大、星座、星球、分子、原子、電子、未知無限小……。

現在人類所瞭解的宇宙星系，只是一個更大粒子的組成部分。我們所認知的電子，也是由無數個更小微粒的組合罷了。宇宙就是由無限大與無限小的粒子、無數的混合與共存。

其未知無限大之間和未知無限小之間都會組合、孕育為動、植、物。所以就會有了無數個大小世界，或者叫做單位粒子空間。大粒子之間和小粒子之間的變化規律，都會遵循牧樂物質運動總定律的原則，即正負相反互補地進行運動。

只有掌握了這些道理，才能解釋易經的所有奧秘。

用物質總定理的逆定理，牧樂已經證明了人的意識是物質的活動，是未知物粒的運動。一群人的集體意識，就像沙粒組成了沙灘一樣，水分子組成了海浪一樣，就會形成沙灘和海浪的週期起伏軌跡，其根本就是牧樂物質運動的總定理，其運行軌跡就是如圖A。從此易經再不是哲學範疇了，其所謂的意思形態，是純物質的科技範疇了！這就是牧樂定理對易經的最終解剖與定論。

只要是物質的運動，就會找出物質總定理的軌跡圖。其實到處都是，不僅僅是日影長短的軌跡。一個氣泡的破滅，一顆草的生長，一個人的生死，一個朝代的更替。一個沙丘，一個波浪，一聲波的震盪。當把一群人集合一塊，大家的意識物粒集合後，也會像以上所有的運動一樣，都是二物相反的週期波動。宇宙萬物之動，最終歸於一個總定理，即牧樂物質運動總定理。

易經最早是人們立一個木棍，觀察日影的長短，來記錄一天的時間。然而日出日落當然是大自然當中，最典型的循環往復週期。一天日影長短變化的軌跡，正是牧樂物質總定律的軌跡圖。所以它總結出來的規律，在任何領域中理所當然地實用了。

至於為什麼會有方位的變化，能夠測算出來吉凶禍福。我認為那個時候人類，唯一的生存依靠，就是尋找野果與狩獵。這又與四季氣候變化有關，什麼時候、什麼方位野果成熟了，動物向什麼方向遷移，根據四季日影長短變化，總結出了什麼時候去什麼方位，能夠有所收穫或風險。

二、易經64卦與物質運動總定理

所謂的社會意識形態哲學規律，就是一群人的意識物粒集合後運動的週期規律。易經64卦就是在軌跡圖中的各個時期，領導者和普通成員在什麼時期，應該怎樣規避風險和受益。顧名思義，易經就是容易發生的事。

舉一個例子：把一百人流放到一個無人的孤島上，在這一刻就好比把一棵種子，埋進了土壤裡。從發芽到左右抽葉，正好是二物相反，互相追逐的週期過程。（如圖B）

這一百人的意識物粒與種子一樣，會漸漸分為兩夥相反的。也就是說會分為意見相對的兩群人互相爭鬥，至此一個群體將得到發展和進步，而且這兩夥人是週期性地勝敗交替。這就是人的意識物粒集合後，所形成的必然規律。即物質總定律，看二物波動週期圖。任何一個群體不論大小都會發生這樣的事，出現這種運動。

易經告訴我們就是做為一個普通人或者領導者，在這個總規律的軌跡

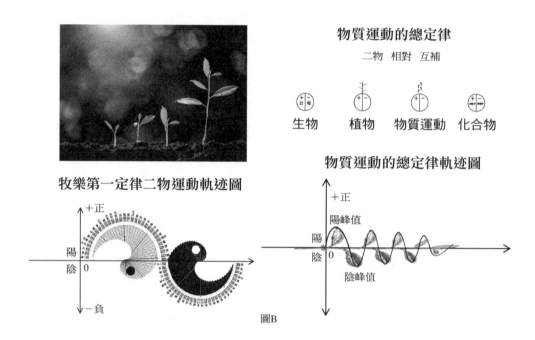

物質運動的總定律

二物　相對　互補

生物　　植物　　物質運動　　化合物

牧樂第一定律二物運動軌迹圖

物質運動的總定律軌迹圖

圖B

圖中各個時間段裡，你應該怎樣應對。

　　這可以比做過山車，過山車的路線就是這個物質總定律的軌跡。假如人們都沒有系上安全帶，那麼所有的人在起起伏伏的過程中，就應該怎樣把握自己，使自己不被尾出車外。

　　比如：乾卦，潛龍勿用。大家剛剛來到荒島，你也在這一百多人當中，你想幫助或者統治這些人。你絕對不能直接暴露自己的目的，而指手畫腳，應該潛龍勿用，應建立自己的圈子和威信，等待時機。

　　比如：坤卦，利牝馬之貞。牝馬：柔順而行地之馬。

　　在島上已經有了一個絕對的領袖了，你已經是一個被領導的人，那麼就要絕對地服從上司的命令。在強大的真龍面前，自己必須像一個溫順的母馬，才能保證自己的安全。

比如：屯卦，勿用有攸往，利建侯。

在這一百多人當中，做為一個普通者一定不要輕易變動。或者指你所要完成的一件事情的開始，就像一棵初生的小草，一個人的青春歲月。雖然是困難重重，然而卻是在朝氣蓬勃的希望中，但不可魯莽行事。

統領者在群體中的智慧

統領者需要拿握的是這群人的意識物粒集合，保持符合物質運動的總規律。必須保持兩派，即牧樂第一定理：宇為二物，二物相對，互補新生。

所以千萬這一百人不能絕對的一團和氣，和氣了頭領就什麼也不知道了。不和氣就會總有人向你彙報，彙報彼此對手私下的不軌情況，你就不費力氣地掌握一切。兩夥對立，更會互相監督、互相比拼，整體工作效率和業績就會提高。矛盾也不會指向領導者，領導者就會成為了國際裁員，更具有領袖地位和影響力。若想讓隊伍團結，唯一的辦法就是在外部，找到敵對的一面，讓整個團隊與外界的團隊形成對立相反的二物。

舉一個例子：這一百人想划船離開荒島，一群人在一面划船，船隻能在原地徘徊。如果用兩個左右相反的船槳，船才會前行。如果分成兩群人各在兩面，同時划船，船會很快離開荒島。

所以一個團隊太團結了，卻成為了一潭死水，不宜前行。除非與其它的舟比賽，整舟人才能即團結又拼力。

三、宇宙的形狀、物質總定理與易經卜簽

易經卜簽人的命運是迷信嗎？

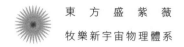
當瞭解了牧樂定理的核心，就不難解答這一神秘的問題。

一個人出生時身上帶有什麼樣的粒子叫命，宇宙週期性釋放什麼樣的粒子叫運。當兩種粒子相反時，新會促進人體的新陳代謝，人就會精力旺盛，成功機率就會增加。反之，就不利。只要知道了一個人身上有什麼粒了，又知道了宇宙什麼時候釋放什麼樣的粒子，人的命運也就計算出來了。

那麼是怎麼知道人出生時體內帶了那些粒子？是正還是負粒子呢？宇宙又是什麼時候釋放正負粒子呢？

要想徹底明白，必須從宇宙的形狀開始談起。

牧樂最新發現：宇宙是由無數的大小粒子組成。

……未知無限大粒子、星座、星體、分子、原子、電子、夸克、未知微粒……。

並形成了單位粒子空間，縱向宇宙和橫向宇宙，這些在其它的論文中有論述。

在地球上有120年、60年、12年、12個月、12個小時為一個週期。各個週期都是各個星體的運行規律，每當各星體接近地球的時候，都會帶給地球未知的物粒，這些未知的微粒如果與人體自有的相反，就會促進新陳代謝。人的精力旺盛，人就會很興奮和努力，成功機率很大，命運當然很好。相反如果是一樣的，對身體就不利。星體週期性地來，週期性地影響人體。易經拿握了這個規律，雖不知道是什麼物粒，卻全部給起了各種名子，我們可以統稱為「天時微粒」。

怎樣才能知道每一個人身上都是些什麼粒子？

　　宇宙中有無限的大小粒子，人體自然會像空間中一樣，由分子至無限微粒組成。而且人體一定是由可見和不可見器官組合而成。當人體遇上相反的微粒子，就會驅動未知器官。即：人體由層層微粒組合而成，如土而生，土基之肥沃，必影其體。

　　一個人在什麼時候胚胎發育的，此刻地球上周圍出現了什麼星體，釋放了什麼天時微粒。那麼胚胎發育過程吸收了那些天時微粒，這個人的生辰八字，就是指這個人身上攜帶了什麼樣的物粒種群。舉例：今年的雨水大，田裡的水果蔬菜含水分較多。

　　也可以比喻成一個人走進沙漠前，出發的地點糧食多水少，這個人身上攜帶的就會食多水少。走入沙漠的深處遇上了水源命運就很好，反之命運就不好。如果遇到了有西瓜的地方，或者正逢天上下起雨來了，也是不錯的命運。因此命就是你出發的那一刻，身上所攜帶的東西，運就是你將來遇上什麼樣的宇宙天時週期環境。當以上的命和運無法改變的時候，你可以選擇什麼樣的路徑，多水的路徑，還是有食物的路徑，所以命運是可以後天改變的。所以易經的智慧，會讓你選擇自己適合做什麼工作，與什麼人合作。改變人的健康，改變人的命運。

　　為什麼說人每逢自己的本命年時，命運不好呢？就是因為你胚胎與出生時所吸收的天時微粒，即你自身攜帶的天時微粒。在本命年中，宇宙走過了一個週期，又會釋放出來同樣的天時微粒。在你的身上相同的微粒不會產生運動，促進新陳代謝，所以命運就不好。

　　古人云：一份精神一份財。人有了智慧與旺盛的精力，就會到處尋找機會、拿握機會，發展自己。否則即使機會來了，你也看不到，更抓不住了！這是易經中的因果規律。

　　所以當你瞭解了宇宙的形狀，物質運動總規律，物質存在的形式，就不難解釋易經中的五行是什麼。因此所謂的算命就是古人通過觀察金、木、水、火、土之間的物質轉化，總結出的互生與互止。再加上陰陽平衡和宇宙的各個週期釋放出來的天時物粒規律，總結出了一套未來將要發生的，人體與宇宙的物理和化學變化公式。

這些物質都是未知的，我們習慣叫這些東西為磁場。其實這些天時物粒比光子小得多。宇宙為什麼在不同的年月日裡，釋放週期性的不同物粒。其實不同的星體周圍，還有很多未知的「大氣層」，即天時物粒。人體內和周圍也會有很多未知器官，這些器官都是由未知天時物粒組成的。

在宇宙中小微粒的變化一定會影響大粒子的變化。所以天體的週期不但能引起人們的健康和情緒，也一定會影響地球的氣候變化，發生自然災害，啟動病毒，引起瘟疫流行等等。

總之，易經算命，觀象而知規律，去判斷你是正物粒還是負物粒，判斷宇宙與你相遇的時候，是釋放正物粒多還是負物粒多。

然而在這之前有很多易經學習者，沒有掌握其實質規律，甚至裝神弄鬼給人消災，騙取錢財等迷信活動，其玷污了易經科學的本質。通過牧樂最新發現的宇宙定理，終於揭開了易經的神秘面紗，還原本來的易經物質的、科學的學說。

隨著人類對更微小粒子的研究與發現，就會更加敬仰易經和發明易經的人。幾千年前人類文明的初始階段，以狩獵為生，以山洞為居的華夏民族是怎樣知道這些科技的？就連現在我們根本不知道天時微粒都是些什麼？也只能統稱為磁場罷了。人體到底身上還有多少微粒組織，我們更是一毛不知。我們祖先的文明，真是令人難以捉摸！

因此，人類把已經應用上，並且好用的物理知識，而且又無法理解和證明的物理原理，只能說成神學。

或許這些知識，應該是非人類的，另外的單位粒子空間裡，更文明的生命，所發現的科技成果。在遠古的中國大地上，用一種方法與華夏民族取得了聯繫，傳授了這些知識，為了當時的人易於掌握，而利用了這種特殊方式？

難道易經就是容易傳授的意思？勝乃真理，敗乃真理，勝敗出入之。

《牧樂五個定理》

一、宇宙物質運動的總定理：

宇為二物也，二物相對之，互補新生矣。

二、宇宙物質存在的形式：

宇宙從無限大至無限小，所有物質均以顆粒形式存在與運動。

三、宇宙的形狀一：

只有宇宙中大小相鄰級別的顆粒之間才有相互引力、相結並產生新的物種，微粒的大小決定了各個空間。

四、宇宙的形狀二：

宇宙中有無數個「單位粒子空間」，每個空間都是一個物質世界，並各自向宇宙無限延伸。

五、宇宙相對時間：

微粒越小的單位粒子空間，相對時間過得越快，反之越慢。時間不是永恆不變。

6

《牧樂新宇宙論》解讀《心經》

生命體的連續

　　一毫米的小蟲子至一奈米的細菌，更有比細菌還小至萬億倍的生命體，直至無限。

　　微粒無限細小永遠不會結束，越來越小的生命體永遠不會停止。在無限小的生命群中，我們最終一定會找到比人類更高級、更文明的生物。這就像我們向太空無限地延長下去一樣，終有一天會找到和人類一樣的宇宙人。

　　反之，星系也是分子中的微粒，星系連結也會形成碳水化合物，形成大細胞。所以宇宙有著超乎想像的，更大的生命體存在。宏觀和微觀一樣，一直大到無限、無數個，永遠不會停子。這些生命體也一定會有比人類更進化、更文明的。因為宇宙向我們走來的時間是無限的，所以有些生命體不知道已經脫胎換骨多少次了，早已宇化成不可想像的樣子。在他們之間一定會有互相聯繫的，與我們之間又有沒有聯繫呢？

　　因此我們應該在宇宙中尋找，比我們大或比我們小的宇宙人，與他們的聯繫將面臨著大小產生的阻礙。

　　當瞭解了牧樂宇宙形狀時，原來神靈真的存在。

宇宙的形狀

　　宇宙是由無限大到無限小的粒子混合而成。同樣體積的二個木箱，一個裝滿土豆，一個是空的，它們實際的品質是相等的。這可能嗎？這簡直就是癡人說夢啊？

　　原來已經裝滿土豆的箱子，永遠都會有空隙，還可以放入一些玉米、再放些小米、水、分子、原子、電子、夸克等等，永遠也放不完，只要裝的東西越來越小。

　　實際我們的空間就是這樣永遠不是空的，早已擠滿了無限的微粒。

　　所以空箱子早已不是空的，早已經裝滿了無限的微粒。雖然是越裝越少，但永遠也不會停止。所以這兩個箱子品質相等，都等於無限大。

　　這個地方是一個急轉的彎道，人們很難轉身。當年哥白尼剛剛研究出來，地球圓形之說時，所有人都認為住在地球下面的人會掉下來，因此周圍的人都不相信。

　　當箱子裡的品質無限大，我們為什麼又不覺得很重呢？

　　牧樂定理證明，當粒子之間大小差別，到一定程度時，其之間沒有引力。比如夸克與地球之間沒有引力，這不是忽略不計，這將顛覆很多傳統定理。這也可以說當隨著宇宙形狀的確立，萬有引力定律將被局限。

　　當我們把木箱放大到無限大的時候，把星體、星座、星座分子、星座細胞全部放入的時候，這個木箱子基本就把宇宙的形狀講明白了。

　　原來宇宙就是由：未知的無限大粒子、星座粒子，星體、分子、原子、電子、夸克、光子、意識粒子、未知無限小粒子，混合疊加而成的。

　　假如我們把這無數的粒子從木箱中剝離出來，按大小排列分成段落。假如每10的1萬次方為一個段落，建一個集合，那麼將得到由大到小的無數個粒子群。把這些粒子群所佔有的空間叫做單位粒子空間，這些大小粒子空間統稱為縱向宇宙，每一個空間又向周圍無限的延伸叫橫向宇宙。

宇宙中的生命體

在每一個單位粒子空間中，群粒之間一定會有化學反應，產生細胞組織，產生生命體。因為如果縱向沒有，橫向可是無限地延伸，即每個空間向周圍無限地延伸。

牧樂定理證明粒子之間大小差距過大時，將沒有引力，也不產生化學反應，即失去了一切物理性和化學性。所以不同的空間產生的物質和生命體是互相疊加和通過的。這就像我們的X射線可以穿過人體，那麼比X射線粒子小一點的，所有粒子組成的物質和生命體，都可以穿越人體。

反之：物質之間一旦失去物理性和化學性，彼此可以疊加、通過。人體的視覺表現為視而不見或隔壁見物。「微粒包裹快遞」，「微粒包裹穿牆」（在其它論文有論證）等等。

由此證明了我們的周圍無論是宏觀還是微觀，都有著無數的生命體和物質世界。

由於宇宙走過了漫長的、無限的歲月。這些生命體已經進化成了什麼樣子，是無法想像的，早已化為神靈決不為過。

在縱向和橫向宇宙中，無數的大大小小的宇宙人之間，難道就沒有一個，想與我們聯繫的嗎？當然有。一定會有幫助我們與她們聯繫的。所以當我們發現宇宙形狀的時候，突然回頭望去，驚悚得目瞪口呆。原來佛教每每做的就是這件事！

從細胞組織到分子、原子、電子、夸克，微粒的不斷細化，永遠都不會結束。因此人體也象宇宙的狀況一樣，人體裡一定是從分子開始一直到無限小的粒子構成。分子、原子、電子構成了我們可見的器官。更小的微粒構成了我們看不見的器官。意識活動是粒子的運動，已經證明了意識是比光子更小的微粒（在其它的論文中有論證），那麼人腦產生意識的器官，一定是我們未知的物粒組織。這些物粒與我們相鄰單位空間裡的粒子大小相近，或者是同一種粒子。所以就可以看到另一空間，並與那裡的生命體交流。

　　人體裡有幾套器官系統我們不知道，但是我們知道每套器官，都是分別用於各個單位粒子空間的（當粒子之間大小差距過大時，將失去物理性和化學性）。

　　當把一個空間裡的器官關上，才能把另一套器官打開，並開始工作，才能看得到另一個空間世界，每套器官都是一個單獨的迴路。

　　當我們走入佛門，看這一群體每天都在做什麼，就會很驚訝地發現，不論是所念的經文和分享的內容，以及一切佛教活動，都是圍繞著一件事情。那就是盡最大努力讓自己或幫助別人，廢棄現實中所有的器官和大腦，斷其感覺和欲望。這有如一條黃鱔，將暴露在空中的頭縮回泥中，除去地面上一切感受。也可比做潛水，當人完全潛入水下的時候，地面上所有的東西和感受都不見了。反之，水裡的東西就感受不到了。

　　釋迦牟尼到尼連禪河附近樹木中單獨修苦行6年，認為苦行不是達到解脫的道路，轉而到伽耶（菩提伽耶）畢波羅樹下靜坐思維四諦、十二因緣之理，最後達到覺悟。

　　要理解《心經》必須知道它是做什麼用的。其實它是用來教大家怎樣潛入另一個單位粒子空間，一個教學的過程。但是有些書中往往注解的都不準確。一個是解釋的人沒有體驗感，一個就是對古漢字理解的不夠。不應該把一句話斷開來解釋，更不能古今一字一對應地翻譯。

　　正確的翻譯《心經》是這樣：

　　1.「觀自在菩薩。行深般若波羅蜜多時」——忘記眼前的一切，自我體會進入無有境界，為了讓自己什麼都不想。不斷地口念般若波羅蜜，堅持一段時間。

（口念般若波羅蜜是為了讓自己的大腦什麼都不想）。

2.「照見五蘊皆空。度一切苦厄」——還是想盡辦法讓一切感官和思維徹底全部消失，雖然很難，但一定要憋住氣，堅持住。

3.「舍利子，色不異空，空不異色，色即是空，空即是色。是故空中無色」——（色：物）這個時候奇怪的事情終於發生了，身邊的所有物體都看不見了。原來有物的地方也空了，沒有物的地方也是空的。

4.「受想行識。亦復如是。是諸法空相」——此刻看到了另一個世界，來回觀看還是一樣，想盡各種辦法，再看也是空的。

5.「無受想行識。無眼耳鼻舌身意。無色聲香味觸法。無眼界。無無明。心無罣礙」——大家在平時就要做好悟空的準備。

釋迦牟尼用了七年時間才學會了，關閉人體常用器官，看到了另一個粒子空間世界。所以一個人能否放下一切世俗，是決定你能否成佛的基礎。

心經可理解為：人最難的就是讓大腦什麼都不想，口念一段沒有什麼可想的話語，讓大腦保持什麼都不想。當我們除去在這個空間裡的感知，包括所有的視、聽、聞、情、欲。即讓所有常用的器官全部失效，未知器官就會顯現出來，並開始工作和使用。

所以佛教的過程就是教會我們活著的人，怎樣才能拋棄這個世上的一切感官和感受。將我們人體常用的系統關閉，打開另一套系統，讓另一個愉悅的世界出現在我們面前。有的高僧修行至可進入多層的單位粒子空間，會看到更多的東西。

因此佛學不是迷信，是物質世界，是科技的前沿。只有體驗過的人才會相信靈魄的存在。

上元仙骨，耘空蒔有。南遙之經無虛受，咒動南箕，符回北斗。曾問上方，試用仙經。是者成道，無者成仙。

當我們瞭解了宇宙中有無數個空間世界。當我們認知宇宙過去的時光是無限的。有無盡的生命，經歷過無數次的繁衍脫變。這兩個事實就象兩條不平行的直線，一定會有一個交點。這個交點就是佛教。

因此，佛教就是另一個粒子世界的宇宙人，與我們聯繫的平臺。是我們未來科技的前沿領域，是我們發明創造奇跡的伊甸園，誰先相信、研究，誰先科技領先。在大自然面前既不能成為山澤之述，虛掩遮面；也不要妖言惑眾，舉私欲而故言。只要科學地認識自然，以實事求是的態度，格物致知。是則誠認，認則求正；正而知之，知而不枉，正乃正之道也！

吟詩曰：
佛心念念有，正本虛無空。
大徹行天道，清明是禪蹤。

| 7 |
解讀《聖經》牧樂

宇宙的形狀：

　　牧樂宇宙理論已經形成了一個完整的物理體系。用它來解讀古老的《聖經》，卻發現了天大的秘密。在這裡只能把新發現的宇宙形狀，宇宙物質總定理，簡單地介紹給讀者；以便瞭解這一神學裡的科學。

　　當一個裝滿物體的箱子，永遠都裝不滿，這可能嗎？

　　然而牧樂卻認為，箱子裡面永遠都會有空隙，只要裝入的東西越來越小，即裝滿土豆的箱子裡，還可以裝入一些玉米、小米、水、分子、原子、電子、夸克等等。當箱體擴大到無限大的時候，把星系和更大的星團裝入箱子裡，宇宙的形狀就快講明白了。

　　裝滿物體的箱子與空箱的品質是相等的，這又怎麼可能？

　　牧樂卻認為，不但相等而且還都等於一個常量：無限大。因為裝入箱內的粒子，雖然越來越小，但永遠都會不停地放進去，所以才會品質無限大。至於為什麼我們還能搬動它，牧樂認為：特大的粒子與特小的粒子之間沒有引力，且相鄰粒子有引力，大粒子受到小粒子的浮力，這樣粒子從大至小產生層層相浮的現象，所以我們感受不到無限的重。這將顛覆現有的許多理論，這些在其它的論文中有詳細的論證。

其實宇宙就是大粒子與小粒子的混合體。每幾萬億大小相鄰的粒子，組成了一個從大到小的巨大列陳，每個列陳叫做單位粒子空間。因此空間產生了無數的、無限大小的、格格不入的、單位粒子空間。即相鄰粒子群的大小差異所構成。

當看到這個圖的時候，我們才能真正明白，我們人類不是最小也不是最大。比我們小的空間無數，比我們大的空間無數。我們所見的星座，只不過是更大空間裡的分子。反之我們體內的一個細胞組織　，就是數個銀河系。

因此，在各個單位粒子空間中，粒子之間一定會產生化學反應和分子鏈，組成細胞組織，並形成生命體，產生各類物質，與我們看到的世界一樣存在。

由於牧樂還證明了粒子之間，差別大到一定程度的時候，互相沒有引力，不產生化學反應。所以各個空間之物可以互相通過、疊加、互不干涉。即木箱裡的土豆和電子之間是可以互相通過。那麼從電子開始，所有小於電子直至百億倍的粒子，它們所組成的生命體和物質世界，實際還像電子一樣可以通過和疊加土豆，所以我們平時覺察不到。

也可比喻：空氣我們是見不到的，但空氣是真實的存在，而且還有很多種粒子，這些粒子組成的高山、河流是可以通過我們的身體的，我們卻無法察覺，實際這些微粒要比空氣的分子小很多。

無限個單位粒子空間被稱為縱向宇宙，它們之間所占空間、物質世界、生命體的大小差別極大，若與他們聯繫，大小產生了阻礙。

每個單位粒子空間，向四周無限地延伸，稱為橫向宇宙。比如我們人類在橫向裡，在離我們遙遠的的地方，一定會有與我們同樣大小的宇宙人和物質世界，若與之聯繫，遙遠產生了阻礙。

　　由於微粒的無限小，人類身體上有著更多的，我們還無法看見的微粒組合器官，我們通常把它們說成磁場，其實這些粒子比磁粒子小到無限、多到無數，這些器官我們通常稱為靈魂。組成靈魂的微粒子與我們相鄰單位粒子空間是一個級別的，即組合的粒子大小差不多，因此用這樣的器官可以看見另一個世界。因此，《聖經》和一些神學都是在教我們如何使用這些器官，使之看到另外一個世界，與那些生命體溝通。

　　這就像是人體有兩個開關一樣，當打開我們這個單位粒子空間的器官的時候，人體另一些更小微粒的器官就會關閉。因此，神學神奇的就是怎樣關閉當前的器官和大腦的思維，靜心、悟空、無欲、誠信、正領、做好人等等。其目的就是忘記這個當前的世界，讓微小組織器官工作，便能看清楚比我們更小的單位粒子空間，與之生命體取得聯繫。即於上帝神靈溝通，世界各地教派的神聖活動，其實都是做這同一件事。

　　看《聖經》裡所表達超脫時的景象：

　　「虛空的虛空，凡事都是虛空太陽底下無新鮮事，一切都是捕風，一切都是捉影」。

　　「你們要像小孩子，才能進天國，因為天堂是他們的。塵土仍歸於地，靈仍歸於賜靈的神」。

　　「我又看見一片新天地，之前的天走了，海也不再有了」。

　　這裡的感受就像佛教的《心經》一樣，讓人們學會捨棄當前的單位粒子空間，除掉當前所有的感官。讓人其他未知器官工作，即人的靈魂出竅。去看見另一個單位粒子空間，這個時候在我們面前的物體也就成為了空殼。

　　當發現了宇宙的形狀，就知道有無盡的生命體，在我們周圍與我們相伴！我們最有可能聯繫的宇宙人，是與我們相鄰或大、或小的單位粒子空間裡的生命體。比我們大的我們也看不見他們，比我們小的也看不見。大的宇宙人要「化微」才能與我們聯繫；小的宇宙人要「放微」才能與我們溝通。其實他們都有可能與我們聯繫。

其實我們設計出單位粒子空間，主要是為了好理解宇宙的形狀。其實這些生命體也是連續存在的，比如：從一毫米的小蟲子到納米米的細菌，再到比細菌還小幾億倍的生命體都是連續存在的。在這無限小的生命體裡一定會有超出人類文明的。

因為宇宙早已存在，經過了漫長無盡的時間，一些生靈不知宇化了多少代。其文明程度無法想像，宇宙中這些生命體一定有聯繫或幫助我們的；研究我們的；更有是創造我們的主。

所以聖經中的上帝立世造人之說，不能簡單地看為傳說。人類的祖先亞當是上帝用土造出來的。而根據另外一些沒有被引入《聖經》的傳說，上帝從東南西北四個方向各取了一些泥土來造亞當。無論如何，傳說都指出，人祖亞當是按照上帝的形象創造的。《聖經》裡面最早發生的事情，是經過代代口傳留下來的，也不能排除後面的人有所添加。但是，總體發生的事，決不可能是無中生有，空穴來風。人們到處尋找UFO，其實在人類歷史上早就發生了，當年瑪利亞事件，就是一個真真正正的UFO事件！

《聖經》裡講：「光照在黑暗裡，黑暗卻不接受光」。這只是一個哲學名言嗎？

然而牧樂已證明：光是光子物粒在運動，比光更小的物粒不與光子發生任何反應。即大小粒子差別極大的時候，其之間不產生引力和化學反應。所以黑暗中的物粒不接受光是一個物理定理。

《聖經》裡說：「生命在他裡頭，這生命就是人的光」。

光是我們能用肉眼見到的最小物粒運動。人體有如？形的建築。上面已經論訴過：會有無數的、更小的、微粒組成的微小細胞和微器官。這些器官我們是無法用肉眼見到的，像光一樣的透明體，就存在於我們的體內。因此，這句名言更是一個宇宙物理現象。

惟聰者可考兮，傳曰：象兮，形兮，言兮。萬類芸芸兮，出入綸經，物造童貞而嬰。

聖母瑪利亞受聖靈感孕，在伯利恒生下耶穌，被視為神的兒子。難道這只是一個神聖的傳說？是否是當時真的有外星人來到地球？幫助過人類！隨著牧樂五定理的出現，人們清醒地知道了宇宙的形狀，物質總定理，宇宙中有無數的生命體與無數的空間。再回頭讀《聖經》的時候，驚悚地發現：這一切都是曾經的真實記錄。當年瑪利亞的經歷，就是人類與其它空間生命體的接觸。正所謂：口傳者由心而因靈，靈與上帝之左右。惟知心之難得之；斯千年而不止，必存之。後來者不可數之。

宇宙物質運動總定理：

當一個拋向空中的皮球，到一定的高度就會自動落下，落地後又會反彈向上，如果沒有空氣的阻力，皮球將永遠往復運動。這個皮球運動的軌跡，就完全代表了物質總定律。

所有的物質運動都有這個軌跡。比如沙灘、海浪、山脈、雲朵、星雲的斷面。聲波、電磁波、引力波，一切能量波；以及雙腳走路，圓周運動蛇形擺動，活塞往復運動等等，皆可畫出這個運動曲線。

一切運動從最初的開始，直到頂峰後將短暫靜止，又自會向著相反的方向發展，當走過了一個正負相反的週期後，再繼續重複下去，永不停止。這就是宇宙物質的總定律和軌跡圖。正如「聖經」之曰：已有的事後必有，已行的事後必再行，日光之下並無新事」。

　　牧樂定理證明了人的意識是物質的運動（在另外的論文中有單獨的論證）。一群人的意識就像一片起伏的沙灘一樣，完全符合物質運動的總規律。因此，一個社會團體的意識形態走向，只要看這一條曲線，就會很清晰了。當我們分析任何一個國家或者團體的歷史變化，無不是與這條軌跡一樣，週期性的變化。

　　當我們知道了這條曲線，再看聖經裡的內容，才恍然大悟，原來聖經的一切故事情節和啟示，都落在這個曲線的各個地方了。

　　《聖經》裡面的很多故事在告訴我們，一個社會團體的發展進步是週期起伏的。在這一軌道上，在各個時期，人們應該怎樣做才最正確，

　　聖經之所以容易被人們接受，就是用現實發生的事來講道理。人們接受的時候，簡單明瞭，普通人也能吸收。而中國的一些思想實際舉例少，領悟起來慢，學懂的人多為達官貴客。

　　耶穌説：「當一扇門為你關上時，一定會有一扇窗為你打開。這正是二物相反，互補新生，物極必反地週期往復運動規律。即宇宙的物質運動總定理。因此，《聖經》早有對宇宙的形狀和總定理的描述。

　　整篇的《聖經》記載了神與人的對話，一點一滴地教誨人類向光明的彼岸游去。「凡自高的必降為卑，自卑的必升為高」。我們讀《聖經》的時候，猶如一位經歷過幾百年滄桑的老人，在向我們栩栩訴説。

　　今天我們拿著剛剛發現的宇宙理論去對照《聖經》的時候，忽然覺得矗立在眼前的教堂，是那樣的偉岸於神聖。

　　噫！哀吾生之孔艱兮，通天之限，不擇言而律之。夫豈敢貪食而盜名兮。余志之修身補甕兮，為孤愚以終世兮。

　　愚醒曰：蒼穹百世，疆宇無盡，天命各空，大小雌雄而峨峨，煙波浩

渺。諒天命之托，形軀盡之。

　　余曰：人類未來科技的發展，應該深入研究隱藏在《聖經》裡面的物理秘密，把神學正視為科學。人類才能真正走向宇宙、走向未來。

　　天雞鳴曉於蟠桃，聖靈晰耀於陰陽。
　　未若茲鵬而逍遙，盼帝重歸伊甸園。

| 8 |

《無欲是人類最大的智慧》

　　只從有人類以來，人們面對茫茫的宇宙不得其解。我們是誰？從那裡來？最終人類走向何方？懵懂的我們已經渡過了幾百萬年。對宇宙充滿了好奇和期待。對神的崇拜，對自然界的敬畏，宇宙與神，生命的本質。始終不滿足於現代科技的解釋。面對局限的牛頓定律，面對愛因斯坦相對論，始終解釋不了我們身邊和宇宙中的奇妙現象。從古至今人類發生了多少次戰爭，多少次災難的降臨，不計其數。有多少無辜的生命遭到悲慘的命運。如今人類已經走入了21世紀，依舊戰亂不停，瘟疫蔓延。那裡是真理所在？仰望蒼穹天主保佑！因此我把我的所知傳送給人們。為天下蒼生不再有災難，為世界永無戰爭，為世界大同。從此世界各大教派信仰統一，無神論徹底結束。生命學、神學、哲學、已知科學、未知科學全部統一為物質科學。當宇宙的核心被發現，生命的本質被揭開，人性定律被徹底暴露，人類自然向善歸去。

　　萬仗高霞亂雲埋，偶逢殘壁紫薇開。

　　東方盛處飛白雪，天下文明花更來。

　　無欲人將有什麼結果？怎樣才能無欲？怎樣證明無欲是人類最大的智慧？

　　無欲是人類走向文明的唯一途徑。是結束戰爭，走向和平的唯一途徑。根除腐敗的唯一方法。保護好地球的環境的一把鑰匙。若想無欲必須瞭解生命的本質。宇宙的本質。生命與宇宙的關係。

　　無論你想成為政冶偉人、藝術大師、大企業家、軍事家、聖人，都必須修煉無欲無為的智慧！因為當人絕對無欲的時候，奇跡會發生，人的靈魂會顯現。因為無欲無求人才能善良，善良的人才能誠實守信，大愛無疆。可是從古至今多少聖人都想實現人們寡欲無求，都沒能做到。

　　讓我們分析一下這是為什麼？

　　先說一個密秘，世界上非常成功的人，百分之百都是在利用靈魂出竅這種方法，這是一個可怕的事實和訣竅。如果你學會了，你也可以成為偉大的人。姜太公釣魚願者上鉤。為什麼把魚鉤弄直了，不讓魚上鉤。說白了釣魚又不要魚，這是為什麼呢？原來他讓我們達到一個境界。

　　原來只要是為了得到魚，魚上鉤了就高興，沒有魚就不高興，所以你的興奮與意識就被魚左右，不是自主的。因此若要完全無欲，索性就把魚鉤給伸直了，得不得到魚都無所謂，這就是無為的最高境界。也是僧人修練的境界。因此姜太公非常的聰明，成為一代傳奇宗師，

　　這個境界會讓人更聰明，這是我今天要講的重點。

　　只有達到了這個境界，再去看問題才清楚。也就是說此時人是最有智慧的。我的理論解釋是，人是有靈魂的，人處於無欲無為的狀態，靈魂就會出來工作，所以你再去做任何工作都是你的靈魂幹的事，這能不厲害嗎？

　　無欲無為是人類最大的享受與智慧

　　人類還有不可見的器官，當我們把人類這個單位粒子空間的器官關閉的時候，另外一個單位粒子空間未知器官才開始出來工作。也就是靈魂的出現，我的論文完全解釋了靈魂的存在。

　　我的理論已經形成了一個完整的物理體系。後來有人讓我用我的理論解讀一下心經，在此之前我從來沒有讀過心經。當我一著嚇我一大跳，我

有古文功底，解析起來不是很難。原來整個心經的內容，就是完整地描述了人在絕對無欲的時候，靈魂出竅時的整個過程，正好與我的理論是吻合的。現在才明白僧人天天念經，一切禪寺活動都是圍繞一件事情，就是讓自己絕對的無欲後，看到另一個單位粒子空間。

　　簡單地說物粒無限細化，人體器官不單是我們所見的。更有無數我們見不到的微粒子器官，比如我們還有兩個大耳朵，頭上還有一個腦袋，那麼為什麼我們看不見呢？我的定理是更小的微粒所組成的物質，與我們的物粒之間不產生化學變化和物理效應，牛頓和愛因斯坦的理論失效了。即牧樂第三定律。所以我們看不見了，簡單說CT機看人體是一堆骨頭，我們的肉眼看見的是現在的肉體，無欲後的靈魂器觀看見的是另外一個樣子了。

　　這些靈魂器官只有把我們現在的器官全部關閉。靈魂器官才能打開。

　　在我們的單位粒子空間中人有六覺，思欲是最難斷的，念經就是讓自己的意念停止活動，關掉最後一個欲望。釋迦牟尼用了七年時間，才將六覺關掉，看到了另一個世界。

　　做為一個普通人讓靈魂出竅有什麼用？靈魂出竅了人就能預知未來，人變得聰明和快樂，或者成為大發明家、藝術大師、政治偉人。所以我講的內容非常不一般。洩漏的是天機，從古至今沒有人這樣講過。

　　做為我們一個普通人怎樣去修煉無欲，讓靈魂出竅，或者半出竅。

　　為什麼將軍在打仗的時候，越緊急的情況，往往越要鎮定下來，就是不急不躁無欲後，讓靈感器官出竅。去感應事物。所以打勝仗的將不但能運用戰術，更要靠靈感、靠靈覺。

　　所以如果一個人無論是愛上了誰，恨上了誰，想得到什麼都是欲望的存在。此時人的欲望越大，人越無智。

　　人在兒童時期還不知道嫉妒別人，還不知道什麼叫愁和恨，也不會比較別人比自己強。沒有任何欲望和理想，所以才最快樂，所以能看見我們看不見的東西。

後來我們長大以後卻發現，遇到眾多阻力，無法保持這樣快樂。於是我們就開始奮鬥，到臨死的時候，才想起來我們當初的目的是為了維持當初的快樂狀態，也就是説忘記拐回來了。

所以將要死去的人，往往都是對自己的愛人和孩子説這樣幾句話，如果有再來生我一定什麼也不做了，只是好好照顧你陪伴著你，再不與你爭吵了。

所以人生的意義就是有夠用的財富就行了。夠維持這個孩時的所需就可以了。你有多少錢、當多大的官也沒有孩子們快樂。

我們拼命地賺錢，最後也就是圖個開心快樂健康，那麼這個孩子也不用擁有什麼，只要吃飽了，就已經特別開心了。所以人的快樂與財富和地位無關。

生命的意義是什麼？一百年以後你我都沒有了。所以我們就應該邊工作邊快樂地活著。所以人不能為了擁有更多的財富而天天勞累，夠用就好了，有多就多吃，少就少花，地位能高就高，不能高也無所謂。

怎麼能做到無欲呢？

當把視線放大到宇宙，再看我們人類。人類再怎麼搞科技都掙脱不了宇宙的限制，人類永遠也追不上宇宙毀滅的時間。原來我們人類什麼價值都沒有。無論人實現了多麼大的理想，都如同廢紙一樣，最後都得歸去。我們就應該像猿猴一樣吃飽了就在那發呆看風景就行了，我這樣説也許大家都不會理解。

假如明天你就死去了，今天你想做什麼？凡是臨終要死的人都後悔了，後悔沒有多看看這個世界。

　　四川省的鉅賈黑老大劉漢雖然罪有應得，但臨死刑前說出了讓所有人都深思的話：他在被執行死刑前的四個小時，對記者說我如果有再來生，就在路邊打個地攤、賺點錢夠花就行了，只要能活著和家人在一起，多去看看這個世界的風光。

　　如果把自己的死亡弄個倒計時，假設你的壽命能活到八十歲，再減去現在的年齡，你還有多少天，每天早晨減去一天，所以你就漸漸的無欲無求了，未來全人類都會結束，所以一切爭執都毫無意義。

　　所以我們每一天都本應該回到兒時的自己，無欲無求無為的快樂狀態。

　　無欲無為是人類最大的享受與智慧。

　　一個從古至今沒人敢講的邏輯！知道的人少之又少。只有懂得了這個邏輯，才能成為極少的人上之文明。

　　這個邏輯是越沒有理想的人，才可能實現理想。

　　因為越有理想的人越不折手段，越沒有理想的人越善良，善良的人才能講誠信，心胸寬廣，眼界開闊，才會得到更多人的支持，才能實現理想。

　　翻譯成普遍的邏輯就是你越想得到的，越得不到，越不想得到的偏偏能得到。

　　讓人無欲無求是很難的，有的僧人修練了一生才能做到。當明白人類與宇宙的關係，當我們把視覺放大到宇宙的時候，再看我們的人類，人的存在是暫時的，沒有任何價值。宇宙的生命是無數的，人死後還會在其它單位粒子空間中活著，所以個人的那點抱負和理想更無所謂了。人的一生夠溫飽就可以了，人的價值是多看一看這個地球的風景！只有知道了這些，人才無欲。

　　無欲的人如果搞藝術一定是一位大師。無欲的人可能成為大發明家，無欲至極的人就是聖人了。

天才就是靈魂出竅！今天就那我寫書法舉個例子。

當然了藝術必須要有功底，但是功底永遠稱不上藝術，好的藝術作品是靈魂的傑作。

我的體驗是當拿起筆時，自己都不知道將會寫出什麼東西來，寫完以後才知道原來寫出了這個樣子，這類作品就叫靈魂藝術作品。

這一切並不是像古人說的寫字前要胸有成竹，胸有成竹只能寫出已經知道的，普通的作品。也因此靈魂藝術從來沒有重複的，每一次寫都不一樣，自己想複製自己的作品都複製不了。如果你每一次寫的都差不多，那就不是靈魄藝術，就是功夫作品，就像加工廠流水線上的產品。

人的肉體是永遠無法超越自己的，最可怕的是靈魂的出現，超然的發揮。

馬斯克就是想把人類送上火星，沒想賺錢，卻變成了世界首富。唐僧到處施捨，卻贏得了眾人的供養和回報。狄仁傑把七品芝麻官和一品丞相看成一個樣，就是想為民辦點事，輔佐武則天，根本沒心思做大官，卻當了最大的官承相。

因此這個世界原本就是顛倒的，你越想成什麼，越成不了什麼。你越想喜歡一個人，但對方反倒不珍惜你了，說你死乞白賴的樣子，像個哈巴狗。你越是對她可有可無的樣子，對方愛你愛的死去活來。原來無論男女都是發賤的。你天天盯著孩子的學習，孩子更不愛學習了。有心栽花花不開，無心插柳柳成行。天天講長壽秘訣最有名的保健大師們，不幸的是都提前離開了我們。不怕死天天風裡來雨裡去的勞動人民，身體反倒健康了。得了癌症的人，怕死的，都嚇死了，不怕死的全都活過來了。無欲又無求又沒有理想的人，反倒成為了聖人。

人一定要保持無欲無求的狀態，在任何時候對金錢美色都不太顧及。

道法自然才能活得自由自在。保持自我的獨立野性和個人的性格魅力，才能瀟灑自如，才會讓你走向成功。請記住不想要什麼，這個世界就來什麼！

讓有欲望的人去當官，天天想著發財，升更大的官，那老百姓能不遭殃嗎？位置越高，人越惡毒，辦起事來越不折手段，歷史上多少人都成為了階下囚，最典型的例子就是和坤了。

無欲的人才豁達，辦事才能公平公正，才適合當一品官員。所以我建議用人的時候，一定要看一下這個人的欲望大不大，欲望過多過大的人千萬不能用。

武則天剛掌握大權以後，對上一朝的老臣狄仁傑不放心，於是就把他從四品大員降為七品芝麻官貶出京城，去一個很窮的地方當了一個縣令。狄仁傑是一個沒有欲望的人，到了貧困的地方也一樣非常高興，而且把一個窮縣變成了富縣。武則天偷偷派人去觀察他，看到了他不但沒有任何怨言，而且做的有滋有味的。原來狄公非常的豁達和有能力，於是又招回宮中當了一品官員丞相，正所謂丞相胸中能撐船。

無欲的人今天是一位住在富麗堂皇群星捧月的達官貴人，明天也可以成為一名普通的農夫，都無所謂，不會有半點遺憾。因為在他的世界觀裡，當一名農夫更高興，鳥兒願意自由飛翔在野外，給它一個皇宮也是一個囚籠。

只有這樣的人才能為民辦實事，為國家做出貢獻。只有無欲才能徹底根除腐敗，這是唯一的方法。因此我建議官員提撥的時候，考核制度就是考核其欲望，簽個協議自己和親屬放棄發財和出國。如果所有的公務員都像過去入黨一樣，查你三代社會關係，腐敗就是會從根上截斷了。

今天一定要記住我講的鐵律，正所謂越想當官的人越當不上官，越不想當官的人，能當大官，有心種花花不開，無心種柳柳成行。

　　如果你說話別人聽不懂，那麼你一定是珍稀的動物。如果你說的話別人激烈地反對，那麼你一定是可樂，咖啡，紅酒、茶水，第一次喝時受不了全吐了，後來一輩子都忘不了！

　　足球踢不好，要怨就怨父母和社會，父母天天說一定要踢好球，只有踢足球才能賺更多的錢，社會對你說，給你多少錢了，怎麼還不進球，全是壓力，沒有鼓勵和樂趣。我記得帶領國足打入世界盃的米盧教練說過這樣一句話，叫享受足球。在每一場比賽的時候，教練都會給隊員們卸包袱。意思是怎麼打就怎麼打，輸贏都無所謂。但是中國足球隊僅靠戰前那點瀉藥能冶好便秘嗎？所以生在中國足球隊最值得可憐啊！天天挨罵還打不贏比賽。

　　專業的永遠打不過業餘的，因為欲望是最大的阻礙。所以當一個藝術家喝點酒才能把書法寫好，寫出好詞。因為天馬行空，無需顧及。

　　無欲無為是人類最大的享受與智慧。

　　為了自己成名、發財去搞藝術的，俗稱叫戲子。無欲而隨心所欲的才能成為藝術大師。

　　無欲無求狀態的人，心靈是打開的。是用靈魂唱歌跳舞，繪畫和寫作。

　　有一鐵規律，無論什麼藝術，最高境界就是返童。比如：卓別林像不像一個孩子，趙本山像不像懵懂的童語。最好的詩都如同簡單的童言，窗前明月光，疑是地上霜。書法繪畫叫返璞歸真，因為人的一生兒童時期靈魂是打開的，後來有了各種欲望才關上門的。因此藝術家要想成為大師，像古人一樣，一定要去除掙錢出名的雜念，把靈魂打開，把自己交給自然，才能成為曠世奇才。

　　李白最後死在了江邊的一個破舟上，如果他要是求財的人，一定寫不出來膾炙人口的詩句。

　　所以從事藝術類研究的人，越想發財你越發不了財。因為你永遠也達不到最高的境界。

　　送給你一首詩：

《晚霞》
落日鮮紅圓，天邊斷續煙。
高霞更遠處，大雁飛雲邊。

　　無欲無為是人類最大的享受與智慧。

　　當你無欲的時候，誰都不會嫉妒你，感覺對別人沒有威脅，讓人覺得安全，周圍的人會非常喜歡你，這一點太重要了，歷史上多少英雄豪傑立了大功，反倒被殺頭。

　　學習司馬懿假裝自己無欲無求，躲過了幾次被殺。司馬懿打勝仗歸來把大印一交，哥們，我完成任務了，告老還鄉，回家釣魚去，有事再找大哥，沒事你別打擾我。最後曹爽不信，派人偷偷地打探，打探的人回來彙報，司馬懿絕對地在江邊釣魚，沒有聯繫任何人，此時朝廷這才放下心來。

　　萬事萬物都是雙相的，功勞越大的同時，你的威信已經超過別人了，讓人覺得你不安全。程咬金就是一個大兒童，所以眾人推舉他為皇帝。因此只有無欲的人才不會招惹別人的嫉妒，在關鍵的時候，假裝無欲，才能保住自己的性命。

　　把一首詩送給你：

《天道》
滿目秋風破，瀟瀟遍野枯。
一行飛鳥去，物盡天淨孤。

　　從古至今多少聖人都在教化人們無欲而善良。但是都非常的困難，今天就會變得很容易了。

　　因為瞭解了生命的本質，即人類只不過是宇宙生命中短暫的偶然。瞭解了宇宙的形狀及牧樂五定律，知道了人死後的真正歸宿，瞭解到宇宙中有無數的生命體，人死後遠遠沒有結束，你就會無欲無求了。

　　無欲是人類走向文明的唯一途徑。是結束戰爭，走向世界和平，讓世界大同的唯一途徑。

| 9 |

《教育決定中國崛起》

　　一枚原子彈的爆炸，讓日本投降了，然而卻是西方國家發明的。再看醫院裡的各種機器，全部是外國的發明，連一個儀器都找不到中國製造。中國是世界的四大發明者，可是近幾百年來為什麼一個能自主研發的科學家都沒有出現呢？如果西方再一次有原子彈式的發明，中國幾代人為崛起所做的努力，都將化為烏有。不但民族崛起成為泡影，中國也將成為被奴役國。我想你看到這裡，你是否像觸了電一樣呢？

　　我們現在的教育體系都叫培訓機構或者叫生產基地，不能叫培育人才的搖籃。出來的人才都是複製型的、產品型的，科技怎麼可能反超西方國家。

　　科技人才也可以比喻為圈裡餵養與野生放養。靠題海戰術，靠老師和家長的鞭策、督促學習的，就是圈養的人才。學生不是想學什麼就去學習什麼，不是從興趣出發的學習永遠也不會有野性和創新。只能是把國外的照搬照抄過來。教育體制不改革，家長理念不改變，一個泱泱大國永遠在人家後面追趕。一個晶片會卡住你的喉嚨，一顆原子彈廢掉一個民族，幾世幾代的人將成為他人的傭人或奴隸！未來西方一項軍事科技成果，就可能廢掉你一個國家的國防體系。教育體制不改革，家長理念不改變，中國就永遠培養不出來一流的科技人才，就不會有愛迪生式的科學家出現，科技永遠不會反超，中華民族永遠不能算得上真正的崛起。

所以社會、家長的教育理念是未來中國人的生命，涉及到一個民族的生死存亡。面對當今世界可謂岌岌可危，如果中國再培養不出來自主科技人才，就像一個富翁沒有保鏢一樣，任人宰割。富有不等於強者，反到會被打劫，中東產油國就是例子。

我們現在培養人才有如撥苗助長。時代變了，要求的人才類型不一樣了，我們的教育體制還沒有改變。家長的理念也沒有改變。

現在最缺的是兩種人才，一個是能自主創新的科學家，一個是技術工人，而我們的教育體制恰恰是培養不出來這兩種人。

舉個國外人才成長過程的例子，老師不給留作業，講完課以後自己去找作業，一個學期的作業就是這個學期的成績。沒有過多的考試，沒有老師和家長的督促，願意學就學，不願意學的就玩，有各種專案讓你去玩。比如有的學生喜歡上了火箭發動機，於是就去主動找資料去研究，學習相關的高等數學、物理、化學。天賦加上著迷的興趣才能成為有創新能力的科學家，剩下的大部分人都去學習職業技術去了。

而我們現在的教育方式，老師敷衍家長希望孩子能考上重點大學，只要考上重點大學就能找到一份好工作。從不會考慮孩子們身上有什麼天賦，從小到大都是被逼著學的，靠題海戰術。大部分學的東西，都是過度學習，一生都用不上。這樣培養出來的人才，複製別人的科技還行，但是一點也不具備發明創造的能力。

改革開放40年，我們都在趕超西方國家的科技，這樣複製性的人才是非常有效的。但是現在我們的科技要想反超，必須得自主研發。所以我們的未來最需要的是，少部分的自主研發的科學家，和更多的技術工人。

現在實際上一個技工的收入是大學生的五倍以上，很多大學生又都找不到工作，而且大部分學生用了幾年學的知識都用不上。

　　過度的培養學習和平庸的人才，浪費了學生的時間和精力，還耗盡了父母的血汗錢。如果大部分學生能儘快地學習職業技能參加工作，一反一正，是支出還是收入，培養大學生的週期，一個家庭五年內至少要減負三百多萬元。

　　所以時代變了，要求的人才類型也不一樣了。我們的教育體制還沒有改變，家長的理念也沒有改變。面對岌岌可危的世界，面對西方對我們的敵意，中國科技快速趕超是唯一的出路。因為一項科技發明，可能就會廢掉一個國家的整個國防。怎樣才能讓少數的天才出現，怎樣快速培養更多的技能人才，是我們改革教育的目的，中國未來急需創新新式的科學家。

　　中國教育就是揠苗助長，速成的雞鴨，速成的玉米、蔬菜。根本沒有野生放養的野性。所以科技人才無法與國外相比。

　　有些條件好的父母沒有辦法，把幾歲的小孩子送到英國等西方國家，寄養在外國家庭中，西方老齡化，獨身的老人多，給中國代養一個孩子，又不寂寞，又可以得到一筆豐厚的錢。所以有很多明智的中國父母花鉅資，買的就是國外的綠色教育環境，誰讓你一個科學家都沒有培養出來。

　　在國外的學校裡沒有應試教育，以玩為主。沒有那麼多的作業，沒有那麼多的考試，也就沒有那麼多的天天比較和傷害，自由發揮，自然生長。培養孩子的興趣和想像力，只有這樣將來孩子才可能成為自主研發的科學家。

　　中國上學的孩子多苦啊！天剛剛濛濛亮亮，早晨馬路上只有兩種人，一個是環衛工人，一個是背著書包上學的孩子。整天有做不完的作業，從來沒有休息日，一到休息日從一個補習班跑到另一個補習班。晚上11點還在寫作業，不是挨老師批就是挨家長的罵。四個老人加上小倆口，一個孩子只少6個人在盯著，略有不慎，成績下降一點，就會劈頭蓋臉地被指責。大部分都是因為追趕不上別人了，也就不愛學習了。實際是所有的孩子都能學會比以前任何學科，有的接受慢而已。

　　父母望子成龍大把的血汗錢都花給老師了。假如你不交補課費，老師給你點臉色看看，你能受得了嗎？有很多孩子的自尊心受到了極大的傷害而抑鬱了。所以中國的少年全部是困而學之，生活在中國的少年最苦哇。也最脆弱。

　　孔子說：生而知之為上也，學而知之為次也，困而學之為再次也。也就是說好的教育體制是把天才生找出來，培養學生學習的興趣。天賦加上興趣就等於一個愛迪生式的大科學家。而我們的孩子們全部是困而學習，不但是睡不好的困，更是在牢籠裡的困。正是因為中國的教育體制，幾百年了，中國一個能獨立研發的科學家都沒有出現。

　　把這首詩送給中國的老師和家長，希望能夠覺醒！

　　漫漫長路青天橫，遠上高嶸越重重，

　　忽見瑤枝玉葉處，蘆高水鳥岸上生。

　　在我們中國，家長對孩子的學習有個誤解。學的越多越快將來越有出息。最好讓自己的孩子變為神童。其實這猶如加化肥的莊家，在做速成蔬菜，撥苗助長。

　　但你不速成我速成，父母之間都怕自己的孩子輸在起跑線上，天天考試，考試成績一下降，老師就找家長開批鬥會。更有的父母自己一生沒有什麼成就，希望讓孩子接替自己，變成了自己夢想的工具。變成了父母實驗室裡的小白鼠，從來不管孩子的痛苦和感受。

　　其實神童不是培養出來的，都是自帶的天賦，記憶力超好罷了。而且神童長大後不一定能成為大科學家。這就好比越到秋天晚開的花朵越大，大氣晚成說的就是這個意思，大科學家一定是天賦加興趣。

　　經過統計，越是大科學家，小時候往往學習過程比普通人越緩慢。考試分數並不高，因為這些人願意更深入地思考，不是簡單的接受。就像愛迪生小時候自己用雞蛋孵小雞，這樣人凡事都要追根究底。可是在中國這樣的孩子早被打入十八層地獄了。

要想中國能出現愛迪生式的科學家，教育理念必須改變。最好的教育是自由發揮每一個人的特長，讓每個人都喜歡上學習。只要是天天考試，看考試成績做為唯一的標準，只要家長天天緊盯著和督促孩子的學習，孩子的學習就變成了困而學之。

在中國現在的老師都學精了，在學校課堂上不講重點課，到校外辦輔導班收補課費。你不去補課，就開家長會，誰都怕給臉子看。那幼小的心靈經不起傷害，而且你不學別人先學，專考你沒學著的。考試成績略有不如別人，你的孩子自尊必然受到傷害。其實這一切在開始的時候不應該怨老師，要怨就怨家長。望子成龍，互相攀比，都希望孩子有出息，都是部分家長主動給老師錢。把孩子交給你了，只要孩子學習成績好，還給錢，都是家長買老師買的。老師之間也攀比，你靠收補課費發了，又買新房，又買高檔車。那麼我也必須的。因此在中國已經形成了一個教育環境，極度惡化的迴圈。所有孩子的學習都是速成的蔬菜，都是在撥苗助長。所以在中國怎麼能有愛迪生式的科學家出現。

好的教育就像選擇體育人才。高個子打籃球比矮個子強，矮個子怎麼努力也打不過高個子。喜歡籃球的比花錢雇的強，也就是為掙錢養家糊口的永遠打不過愛好籃球的。好的教育是把天才生找到，然後最好的教育是把每個人的特長找出來，張三是體育天才，不費勁就成為了球星。李四是搞科研的奇才，學起來也不費勁，從事某項研究一定會搞出大發明的。把各類人才像機器分類一樣地分離出來。而不是成千上萬的人都去擠向一個高考的門口，大鍋飯式的教育。把特長人才都變成了普通人，白白地浪費了。再就是怎樣培養孩子們的各項知識的學習興趣，只有天賦加上興趣愛好，才是人的最大的發揮。看我們現在廣場上根本看不到有孩子踢球的，都是天天考試、補習、督促、開家長會，逼迫和謾罵！孩子們在強壓、緊逼、緊張中，只能成為困而學之。自己是什麼樣的天才自己根本不知道，也沒有人發現，也沒有條件發揮。所以中國教育不改變，科技永遠在人家的後面跑，足球也不可能獲得冠軍。

所以好的教育是讓個子高的去打籃球，個子矮的去打乒乓球，屁股大的去踢足球。讓鴨子在水中跑，讓雞在陸地上跑，才有事半功倍的效果！請記住選擇永遠是大於努力。

無欲無為是人類最大的享受與智慧。

當一個人喜歡學習的時候是用靈魂去學習。

看看這個例子：

喜歡學習英語的人，一天能背下4百個單詞。不喜歡學習的只能背下10個單詞。

只要家長或者老師天天告訴孩子，你一定要好好學習，長大以後才有出息。只要家長和老師這樣說話，我敢保證你的孩子起碼不可能考入重點大學了。

大發明家愛迪生在小學的時候，被老師瞧不起，對他母親說你的孩子智力不全。後來是他的母親把他領回家，教他學習和鼓勵他，所以愛迪生成為了最大的科學家。

所以家長應該發現孩子的長處和鼓勵最重要。好的父母不要天天督促孩子學習，作業寫完了嗎？你看你不如人家的孩子學習好，只要天天這樣教育孩子，孩子對學習一定不會是樂趣學習了。有很多人會說，如果不是天天地盯著他學習，他就更不學了。

然而樂於學習是用靈魂去學習，也許你的孩子是一個天才，豈不像愛迪生的小學老師。抹殺了孩子的天賦！即使考上大學也是一般般的平庸。

保護孩子的好奇天性，引發他對任何事物的樂趣。耐心等待著他對學習產生興趣，或者引導其他門類的興趣，這是社會和家長的責任。

　　記住我今天講的話，樂於做的事是用靈魂去做的，一定優秀於其他人，有興趣的學習加上天賦就等於大發明家。

　　如果中國未來培養不出來大科學家，中國永遠都得落在別人的後面。可能一項大發明就會廢掉你的整個國防體系！

10

牧樂詩詞

《週期》

花開花落紅，柳絮飛來生。
幾世復因果，朝夕又相逢。

《天曉》

隔空幾層天，萬道虛光煙。
你我同相在，何知雲那邊。

《無盡》

不盡天邊遠，空無氣蕭瀚。
迢迢末相知，遠遠時常見。

《雨後》

一道光霞垂，蜻蜓滿頭飛。
東山河岸柳，綠在水中肥。

《蕩漾》

春蕩才有妙齡郎，人不風流藝不芳。
岸上閑柳是新綠，勸君即停即風光。
優哉游哉誠君子，余我姑且又何妨。
待到孤燈照舊歲，苦修禪寺臥草堂。

《若無欲》

紅杏出牆擾，何來有人憎。
人人若無欲，爾等怎來生。

《選擇》

牆頭順風草，草本無心生。
若為鍾情顧，花香甘願紅。

《月影》

月明渡林梢，風靜無蟲擾。
只聞四足浴，餘下情人曉。

《老山參》

冠上紅花系，狀容千歲蒂。
冰極雪盛時，獨去東方立。

《行人難》

山遙草木荒，無路何人往。
只看夕陽處，愚人畫中央。

《野春》

花開花落忙，幾度繁花香。
聞盡蒼白物，唯餘野處芳。

《風運》

殘路門前淨，高寒流水清。
谷深日照短，物盡人禪生。

《六月雪》

茅廬石上坡，陡峭寒雲多。
六月天降雪，門前凍蠶蛾。

《鄉稠》

草戶柴門清，炊煙自由蒸。
風急雪下晚，遠遠犬來聲。

《小人家》

林深遍地花，野徑去誰家。
雲裡桃花見，雞鳴天上崖。

《春汀一》

春來淡色青，水草一棵生。
頂落蜻蜓小，風流水在行。

《春汀二》
春宵萬物醒，野草幾棵生。
只見蝴蝶小，寒中落又停。

《荒野》
荒野莽莽幾泛青，高崖簇簇點朱紅。
春風又滿無人路，豆冠不知車馬行。

《野藤》
石峭樹琢平，邈荒草木生。
一藤千里縱，萬苦也相逢。

《紅樓》
紅樓落霞滿，大雁啼聲遠。
黃昏山外山，小徑去多蜿。

《無奈》
月照天明日日新，風染白髮歲歲沉。
無休良辰無奈遇，同是天下被老人。

《春息》
昨夜瀟瀟亂雨聲，曉來清清鳥語清。
一枝花麗窗前麗，天若有情人有情。
春息無聲春欲爭，燕子銜泥妮欲生。
誰來我家客上客，羞聽鄰里媒語聲。

《春喜》

夜風陣陣上朱樓，窗外蕭蕭幾刻休。

春木恰逢連夜雨，桃花不覺上枝頭。

《春老》

枯黃冒寸草，花癡寒裡早。

老樹新發芽，恰是少枝好。

《看大江東去》

雲濤千萬里，怒放群山馳。浩浩大江去，峽流滾滾急。

一代秦王繆，扶蘇淚落頭。忠堂指鹿馬，草破入風樓。

是非成敗後，故里誰英侯。看大江東去，滔滔可斷流。

秋江南北雁，孤釣蘆翁酒。醉去塵埃事，清風更上流。

《水調歌頭——一壺老酒》

茫宇幾何夢？延續到天庚。

方得虛眼清界，盲吞四海空。

縱目千里愧匿，只看一代梟懵，泯蔑無限穹。

喜憂三分正，成敗三分盈。

爵限高，生限世，富限空。

何去何從，無形清風溢滿城。

一夜瀟雨連綿，一壺老酒蓬眠，傀我一場夢。

清明莫太清，朦朧不朦朧。

《秋》

秋風黃綠少，曠野枯黃草。
寒谷幾啾聲，滄茫渡水鳥。

《春遊》

萋草芬芳花引路，桃蹊澗裡同幽渡。
不知十里賞花客，相逢恰是春來初。

《初戀》

不吝春宵千刻金，只為純情一淚銀。
無奈相思無奈遇，可憐天下初戀人。

《油菜花》

黃花入青天，白鷺一行煙。
淡去無邊影，清風剩日閑。

《還鄉》

昨夜春風吹漠荒，青蒿野柳苦芬芳。
新來戶戶桃蹊徑，舊去家家鳥還鄉。

《媚竹》

月下修竹青，節節腰細生。
寒蕭立媚骨，雨過項亭亭。

《春堤》

春風綠水遠，細雨草青連。
隔岸聞新苦，桃紅對面山。

《院落》

簷上育兒鳥，桃花落地曉。
清風入門欄，隔戶蜻蜓跑。

《俗言一》

枯尖當鬼論，漏孔小人心。頻嘴無君子，彎曲多惡人。
顴高鵝頭女，莫讓進家門。矬子暗中計，半耳短志根。
大耳過愁岸，大臂盛漢秦。十字定善惡，移位心不君。
嘴沫欲欺騙，滿口應流雲。嘴角向下去，家人不安份。
嘴巴兩旁裂，無情無義真。當看十分相，莫估半口文。

《俗言二》

有鬼鬼怕人，無靈靈叫門。
祈天萬物事，待我修童貞。

《雄辯》

膽識咒動北斗驚，魔法冥冥貫宇中。
智者雄辯天下事，巧言令策石頭空。

《心願》

雪下天地寬，遙遙漫無邊。
風瀟寒夜至，灶台餘火燃。

《佛善》

雪下天地矮，紛紛落無邊。
江山若無色，萬物齊相連。

《春潮》

月墨寒山烏，風平樹靜孤。
越是無聲處，正值春潮初。

《冬日》

雪下風趨小，霎時樹漠了。
白日去無痕，千山月下嬝。

《西山》

天橫落日遠，大地正蒼茫。
遠去巢林鳥，夕陽又夕陽。

《相知》

春園幾秋草，落地桃花早。
此處何人知，抬頭見樹鳥。

《春宴》

柳絮滿庭飛，落花入宴杯。
再來桃色酒，待我一春歸。

《墨夜》

月明入雲影，山色化烏蒙。
與墨共飲酒，今宵問清風。

《天道》

海水依天色，高雲乘風車。
若問君王事，隨波去長河。

《天地間》

千山看霧濛，大地朝天橫。
多少蒼雲退，更來幾墨蒸。

《高低歌》

欲高是我籌，欲低是我收。
不為高低見，高低何為頭。

《思念》

嬌容常修為誰瞧，鏡裡桃花看瘦消。
羅衣不知何將去，舊來河灣空別橋。

《青松》

松高一頂少，樹正風聲小。
淡定礪石間，長青不覺老。

《雜草》

高姿卓雅迂迴落，微花萋萋絢麗奪。
本是一山芳林草，多有素枝不婀娜。

《緣月》

昨夜春風幾刻休，清晨喜鵲唱門樓，
山鄉深處來人秀，面似桃花目似秋。

《春緒》

夜闌新涼起，慢卷星辰稀。
瀝瀝殘燭泣，冥冥更思離。

《春園》

無聊春園寂寞開，偶有蜜蜂尋芳來。
清風吹過不識物，錯把落花當雪白。

《閨秀》

青絲淡幽香，腰細柳眉長。
百媚何需貴，花開必自芳。

《青竹》

日照微香奇，風吹點頭低。
節節只生綠，明物羅青衣。

《紅塵》

天地悠悠何事遊，新成舊去夜人愁。

有情卻被無情擾，驀然回首斬無求。

《好人家》

水淨映桃花，桃花復麗華，

春堤任生柳，燕到自然家。

《春意》

雪盡天高晴，一雙大雁行。

南風有春意，柳木即發青。

《禪寺》

千山入林鳥，鳥鳥漸成煙。

草莽遮禪寺，鐘聲到江邊。

《牧歸》

落日向山低，牛歸人望西。

蒼茫暮歸處，白鷺一行離。

《悟》

天寒更飲酒，大雪越孤居。

無奈和天色，夢中知有無。

《大雪》
大雪橫飛來，茫茫盡處白。
高山漸無影，萬樹低頭埋。

《依舊》
暮盡炊煙萋，孤山草戶低。
點燈照舊故，犬馬不相一。

《山居》
江岸荒蕪處，停舟問何方。
漁翁雲上指，山居在峰芒。

《道士》
道士禪衣淨，三清顥氣正。
陰陽定乾坤，萬物複衰盛。

《秋》
大雨落瓦頂，瀟瀟窗漏風。
農夫夢舊故，唯餘草木聲。

《大山》
高巔石萬千，漫漫雨成煙。
不覺一方處，雲開幾層山。

《還鄉》

花曾幾度為人香，人不桃花心不芳。
若問何時人更酒，歸途落日老還鄉。

《春之初》

太陽三尺高，露水濕衣袍。
彎曲由山徑，青蒿左右朝。

《高遠》

雲破見奇松，奇松石上青。
山高有幾木，寒素麗花生。

《寒紅》

一枝秋葉零，百木落千層。
若有寒霜至，節節胭脂紅。

《寒山野戶》

雪漠炊煙細，山高草戶低。
天寒更渚酒，暮色風來西。

《雲山》

烏蒙不見山，石徑入雲天。
高遠無飛鳥，濯寒少人煙。

《花癡曉》

地久天長人宜老，花姿豔後寒霜住。
幾時風騷幾時無，何人不為花白骨。
一片琉璃一片堵，四面雕欄四面固。
人若高樓千萬座，豈能登高飛天處。

《潮汐》

寒風吹過春自來，莫讓桃花嫉桃開。
一代佳人歸舊故，青山多處增新埋。
又逢春色漫山有，人不桃花心不芳。
若問仕途何處是，告老還鄉俱蒼茫。

《思念》

滿目梨花飛雪白，風華絕處少人來。
黃昏不覺入禪寺，遠去鐘聲近生齋。

《送別》

伊人可知曉，日落再思擾。
依舊童顏聲，偏逢白髮老。

《前世今生》

不曾相識何相欠，只因前世未嬋娟。
今生短暫各珍惜，你我聚散終有緣。

《盼望》

小蓮又來河岸邊，只見花草未見還，
不信郎君忘情水，只因走時忘帶蓮。

《春色》

前生約定今相逢，無奈失去錯一生。
為何鍾情兩沒沒，花開花落不春風。

《春約》

春風依舊江南岸，獨自花開在那端。
無奈相思無奈遇，但願一生共嬋娟。

《夏天賦》

烈日照青蒿，青蒿苦味焦。
蜻蜓落尖頂，頂上借風搖。

《秋高賦》

秋高天上明，大雁一邊行。
啼叫複聲遠，蒼茫寒色生。

《春色》

鳥啼 柳成蔭，煙雨花徑深。
柴門牆下草，低矮花香人。

《巔峰》

雲登山上山，朗朗幾重天。

繼往棲高處，清白到無邊。

《桃花結》

天時草木花自開，未等寒消蝶自來。

何必紅塵沽名利，人間之怨為此災。

一場春雨一場埋，三日不見花欲衰。

風流盡在天高處，不做烏紗乘雲白。

《雲柳戲水——天綱記》

烏白流清，素聞天香。

終有千千對絕，寒致沁芳。

高殿雲裹，樓瓦陰陽。

背負星辰四季，樹漫藤疆。

恍惚昨別，年少面蒼。

若問何時歸去，立劍橫光。

天地不顛，日月焉藏。

形神契合高遠，有道天綱。

雲墨飛雪，老墨滄桑，

醉墨無忌，嬌墨窈窕，

仙墨無蹤，大墨去荒。

宛如千里崩塌，磅礡泱泱。

《蘆岸》

日照偏西少，蘆高隱水鳥。
蛙鳴幾處聲，寒漠黃昏老。

《飲酒歌》

相逢今日好，有道千杯少，舉酒若英雄，開懷盡喝了。
孤蓬天下邈，居上雲峰小。所向見新庚，寒江落日早。
對酒當知曉，朝夕人即老。若問再來生，還我童歡笑。

《自然》

蒼茫看盡端，百草綠青山。
天下歸無忌，江山任自然。

《春思》

春眠春眠春不眠，春雨時而入門簾。
月下孤單獨自影，桃開今夜對面山。

《山村》

青衣小人家，岸上水生花。
一道殘陽徑，雲中半截霞。

《江岸》

煙雨千層山，江回幾道彎。
桃花開遍處，最愛水雲間。

《暮色》

鳥入溪林山欲靜，禪房落日悄無聲。
蒼海無數由暮色，一道晚霞戀西風。

《山上人家》

幾戶人家遠上山，白雲斷處有青田。
晴天陣陣牛毛雨，柳絮飛雪不覺寒。

《秋景》

秋風瑟瑟雨沉天，不盡蕭林落葉連。
幾斷殘紅幾斷路，密林深處有人煙。

《花為媒》

一樹春發萬樹花，齊花更笑盛雲霞。
雲霞只在天邊盡，謝罷春花有子芽。

《更漏子——還我童年》

憶童年，時執誤，禁固放情霞遇。
顏悴玉，淚如珠，滅人年月無。
春過季，豔花枯，夢回天下初。
天有恨，暮人塗，無奈依舊孤。

《秋雨》

秋雨沙沙窗外寒，房檐滴水敲門前。
今宵無奈花將去，明日寒山多少閑。

《七律——邀月》

何年已有天宮美，何日曾聞上方醉。
醉士今宵棄不歸，乘風去訴相思淚。
寂寞嫦娥依舊美，寒宵嫵媚最金貴。
願做人間長相伴，不去仙台空樓會。

《月寒》

花開正芳年，粉黛飾人間。
嬌面多情淚，閒愁月下寒。
有道無心事，不語呆做顏。
孤單吟長夜，琴簫月下憐。

《霧徑》

霧漫春山叢，蛙鳴幾片爭，
芬芳無限處，溪水鳥回聲。

《醉人淚》

為何淚人醉，淚人依然美。
寂寞更相思，相思更續醉。

《春色》

佳麗滿堂有十車，不如黛玉淚一顆。
何必弄笑爭春色，百媚一衰解千折。

《輪迴》

春山餘雪白，無名花自開。
新城復舊事，舊事再重來。

《野草》

野徑生雜草，無名花細小。
春急百媚爭，為子秋中老。

《黃昏》

黃昏更見山外山，暮色將盡鳥成煙。
欲看張燈結綵處，餘暉已是末闌珊。

《小人家》

野莽小人家，門開是天涯。
無名牆上草，瓦頂也開花。

《山戶》

柴戶寒山依，矮門花自低。
籬笆隔幾處，朝東又朝西。

《鄉居》

寒雞午夜啼，落日老牛疲。
對酒聞孤影，紅燈樑下低。

《秋漠》

秋風處處孤啼鳥，寂寞黃昏人即老。
若為寒枝借東風，東風當借應盡了。

《天秋》

天幕寒如冰，深深太上清。
浮雲更替鳥，大雁去流聲。

《牧樂》

日落水中央，芬芳草木香。
黃昏遇秋色，恰是好時光。

《海滔滔》

滔滔水不絕，浩浩雲風車。
天命知多少，人心向善坡。

《殘時月》

寒漠大風啼，蒼茫暮色西。
枯殘應待曉，大地唱雄雞。

《墨影》

雪融寒水清，暖暖徐來風。
南岸桃紅小，微微淡綠生。

《茫茫》

浩浩水蒼涼，茫茫雲潮荒。
蜻蜓一點水，天破水中央。

《夜雨》

烏黑月墨影，寒山樹靜孤。
沙沙午夜雨，瓦頂落如珠。

《無欲則剛》

雲破見奇山，奇山水岸邊。
青天更高處，石上有人煙。

《自然》

山高雲霧重，鳥語唱誰聽。
道士三清觀，風吹草木聲。

《自由》

雲墨日丹紅，孤獨無盡窮。
高霞幾萬頃，宇在天邊生。

《乙未年》

天高石上崖，崖上有人家。
半露雲山徑，半開是桃花。

《高谷》

雲向高聚鳥得枝，山中自有樹高直。
無奈秋去何相綠，大雪入林林更姿。

《思念》

花思君念別，君別花思切。
巾幗憂疆處，怎奈淚成河。

《野戶》

曲徑生雜草，門前落樹鳥。
相鄰不相知，雛鳥一窩小。

《看大江東去》

雲濤千萬裡，怒放群山馳。
浩浩大江去，滾滾峽流急。
一代秦王繆，扶蘇落淚頭。
忠堂指鹿馬，草破入風樓。
是非成敗後，故里誰英候。
看大江東去，滔滔可斷流？
秋江南北雁，孤釣蘆翁酒。
醉去塵埃事，清風更上流。

《秋》
蕭蕭萬木落，處處冷青稞。
昨夜淒風厲，寒窗凍蟬蛾。

《秀美》
高樓月下花，未笑豔如霞。
樂舞生煙柳，柔情淡墨佳。

《雲山》
石徑上斜山，斜山入雲天。
雲天更高處，裊裊有人煙。

《野居》
草戶小人家，瓦頂也開花。
老樹一窩鳥，門開是天涯。

《一葉知秋》
青青水邊草，偶過蜻蜓小。
一葉落秋風，驚飛一樹鳥。

《老木》
千山萬樹爭，低矮居上峰。
枯草活千歲，苔蘚萬年生。

《孤秋》

野徑少人行，殘霞落日平。
寒中孤飲酒，秋風過簷聲。

《大明玉賦》

玉明而冰，玉清而靈，因渾而雲，因疵而霞。
若隱若現，若有若無。相柔質鋼，相溫體寒。
久久初生，原原潤澤。相知前世，情緣有因。
混沌之初，窈窕淑女。萬枯深山，千古孕育。
滴水穿石，方得娟秀。天之冰露，水之寒清。
嫵媚之肌，妖嬈之軀。千年一遇，宇之精華。
奇光異彩，夜夜相伴。人玉相通，如夢如幻。
時隔相見，每每當初。人若不興，玉則渾濁，
人若歡暢，玉則光麗。人善玉美，人禪玉靈，
人惡玉暗，人暴玉碎。天地真別，大得載之。
烏明子兮，幽靈異焉！達人所得，必成大業哉！

《春之宵》

曾有幾何又春節，如期之夜最歡心。
把酒不問耕田苦，正月更樂雪紛紛。

《春晚》

夜半三更雪紛紛，餘火通紅照舊沉。
明日封山不來客，無奈風埋九尺深。

《紅塵》

誰把時光住，河山新綠故。

紅塵耀萬千，滅盡蒼海處。

《寒靜》

千里皚皚鵝毛雪，江山無處不冰淩。

誰將萬物無雜染，唯有寒公做垂清。

《寒山》

荒山鳥雀寒，枯萎少鳴蟬。

石徑白霜雪，殘陽落暮煙。

《春息》

千山白雪覆，日照寒林疏。

遠近無鳴鳥，風傳寂寞孤。

《山翁》

高往天際遠，曲徑上雲端。

鳥鳴小村晚，夕陽落炊煙。

《晚風詩雨》

繁花似錦春色萌，蜂蝶樂相逢。

梅花開在高寒故。只為瑞雪生。

日月未變大地橫，不覺白髮翁。

漁歌唱晚霞光處，炊煙裊裊升。

你我來世再相遇，只做柴米羹。

《山高少人家》
山高林密少人來，紅日斜照炊煙白。
幾戶人家幾戶遠。幾行籬笆幾行歪。

《秋天》
雲高幾重天，大雁更上邊。
幾叫哀鳴遠，秋涼寒色山。

《秋寒》
鷹蕩霄雲空，秋涼寒水清。
白蘆紅日晚，野岸炊煙升。

《秋高賦》
秋高天際窮，大雁一路行。
啼叫復聲遠，餘處寒水生。

《入夜》
寒鴉歸樹寢，夜來寂無聲。
烏蒙山墨影，浩月出雲清。

《初之戀》
春風拂人善，花香正心舒。
烏蒙連夜雨，恰似修人初。

《春影》

風搖柳木青，小雁初來生。
樹下牛毛雨，雙雙鳥入宮。

《雲峰》

石峭層層不見山，白雲斷處曲徑連。
雪下三月無飛鳥，桃開時節有人煙。

《寒林》

雪漠松林盡凋零，陳風掠過少餘聽。
寒山白日不飛鳥，寂寞無聲勝有聲。

《漁翁釣晚》

夜雨瑟瑟聲，寒室窗露風。
殘燭映醉影，何年又何曾。
余闕依闌舊，白髮無少年。
風雪紅燈記，老酒釣魚杆。
縱然千里故，尋覓歸且安。
角獸知多少，佛法空無邊。
好獵昔瀟漢，漁翁月夜歡。
更滿一壺酒，翻身續舊眠。
湖畔蘆高掩，停舟夜靜彎。
炊煙餘裊裊，風清月闌珊。

《天山》

漫天大雪不見山，北起雲風助柴煙。
毛草不問天下事，多煮清淡少煮鹹。

《清明節》

清明兩岸綠多遠，柳葉初發不覺寒。
無奈天宮亂雲雨，梨花飛雪三月山。
東有殘霧隔水岸，西展餘風斷雲天。
偶逢佳人桃色面，恰似妖嬈正當年。

《清明》

萬仗高霞亂雲埋，偶逢殘壁紫薇開。
東方盛處飛白雪。天下文明花更來。

《秋山》

橫峰萬丈入雲間，落葉難複亂石灘。
再看夕陽入林影，秋山何處不蕭顏。

《清明》

月落暗雲重，餘風漸消停。
江舟鳥寒影，萬物默無聲。

《春雪》

雪落春山叢，草微越蔥蘢。
紛紛白是雪，冷漠花殷紅。

《儷水》
日落蘆塘灣，停舟月上山。
風傳暮色遠，隔岸有漁煙。

《朱帝》
天起雲風驟雨生，紅樓欲墮青山蒙。
樹上若居黃鸝鳥，何須雲上再雲城。
朝朝暮暮複流水，日月往來大地橫。
可歎天下塵世物，乾坤何處不新庚。

《西風》
秋寒斜照影，白日盡黃昏。
遠上歸林鳥，高霞幾萬雲。

《西風欲》
秋盡天新老，西歸大雁曉。一江兩岸隔，黃昏那邊好。
炊煙入夕陽，這裡白髮老。多少相愁事，西風更聚少。

《深秋》
深秋月下清，草冷花香凝。
偶有孤風做，殘枝落木聲。

《偏僻》
秋水流青石，烏鴉老樹枝。
炊煙裊裊起，落日西山熾。

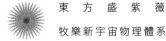
《鴻雁》

僻徑來人少，山高見寺小。孤鳴遠上聲，日落歸林鳥。
有道烏蒙早，縱橫天下好。不爭草木秋，獨去那邊老。

《雪》

大雪紛飛來，千山萬樹白。
烏蒙天地晚，寒聚野皚皚。

《深山》

萬丈群峰入雲天，雲天更上有雲山。
奇花樂在高寒處，花開花落少人煙。
寒門何需樓瓦台，風襲漏室生火柴。
孤夜塵餘知多少，舉酒不盡樂清白。
一點朱紅萬木開，前撲後續蜂蝶來。
花香深處任無徑，人在芳中忘塵埃。
春山雨霧遮不住，萬木蔥蘢吐芳香。
窈窕淑女正人美，欲滴桃水必芬芳。

《天悟》

人間天上有，大地何時久。無限羅塵埃，悠悠後來後。
酤酒渡江南，寒窗風雨漏。悲憤終清白，極致回天舊。
糟敗出精華，沉積生麗柳。酎米鍋中朽，一罐野味糗。
恰逢故人俗，更盡寒宵酒。

《無限》

風瀟雨瀟九重山，湖裡湖外鎖雲天。
無限春光遮不住，蒼茫大地在人間。
鋒芒還看幾層天，大雁飛浮萬里山。
縱橫卻在無限處，登高不盡化雲煙。

《故》

人做天朝知，天知人多時。餘多終有故，故有無名知。
物高天上稀，雲積水欲滴。風瀟不盡處，萬物初發時。

《水雲》

荒野水塘灣，花開不見邊。山高少直徑，河曲石頭圓。
白日湖中避，高雲綠下連。一波山影動，天下水雲間。

《無題》

大雪隨春至，餘寒木不知。花開依舊日，蝶兒晚來遲。
城闕流雲霞，荒灘闌霧華。憂君得樓月，樓月照名花。
無名野流水，草莽放天涯。落日蘆煙細，小戶是人家。
往昔多少事，塵埃舊地發。紅塵本無正，善惡不分家。
雲遮殘徑寺，斷垣草纖花。浩漠遇虔誠，越空越清明。
大無方大智，渾沌萬物生。風雪依春來，滿城盡芳開。
門庭幾日鎖，花落臺階白。

《春思》

春風為何夜不眠，尋我花香入門簾。
想來月下有風景，共去桃紅對面山。

《無名草》

本是無明草，無明又何妨，低在高人處，高在低人長。
幽幽澀麗香，陳陣沁雅芳。裊裊屬風雨，蕭蕭致飛揚。

《禪寺》

高崖落禪寺，陡峭做仙居。鳥入斜陽淨，紫煙化虛無。
渾沌無限初，無形漸成雛。天地陰陽處，三清再重複。
耕夫祭日月，卜占甘露雨。官人八台窖，綠林入門朱。
書童天上指，大雁一行舒。群雄逐鹿後，累累遺白骨。
驍悍哀嚎過，歷來盡無辜。悠悠多少事，豪傑學鶯術。
天下幾朝帝，承諾皆成枯。轉世何曾有，再來也是奴。
不見風雨住，聖賢塵世浮。何人入禪寺，虛懷遁空谷。
漫天欲歸鳥，大河又夕陽。渺遠流雲過，茫茫盡蒼涼。

《雪急》

雪下紛紛寂無聲，柴門半漠寒氣橫。
烏蒙窗外何人有，偶過房簷是餘風。

《寒山》

寒山雪無徑，落日鳥不鳴。
幾縷炊煙細，約約狗犬聲。

《柴戶》

柴門寒漠低，雪下黃昏急。
雞犬無蹤影，唧唧草穴息。

《江月》
江明月色清，水映烏山亭。
對酒寒山住，燭光續舊情。
少頃人欲老，風華立劍行。
今宵正做酒，有為上天明。

《雨後》
石崖入青天，草綠過雲邊。
雨後新香木，霞光萬道煙。

《夕陽紅》
太陽落下山，通紅半邊天。
牧羊過山谷，晚風長炊煙。

《在人間》
秋山不覺齊霜寒，滿地黃花積雲邊。
野曠河塘白鷺鳥，一鳴飛雀在人間。
濛濛細雨門庭連，毛草蘆花冒柴煙。
已是黃昏歸故里，秋生煙雨催人寒。

《孤雁》
日照湖光山色老，一群烏雀林中了。
蒼涼盡處唯餘風，蘆中內外漁舟少。
一隻孤雁天上飛，幾聲淒婉幾聲悲。
萬里尋空歸舊故，蒼穹不盡復又回。

《春》

雨後柳發青，花開鳥麗聲。
清明好時節，迤邐南來風。

《黃河》

長河上下遠，橫渡蘆高岸。
水鳥在雲邊，停舟日落晚。

《無名》

秋晚雪清白，無名花續開。
新城無舊事，舊事再重來。

《春芳霍然》

冬曉殘留雪，春花霍然開。
青山復麗水，萬木新生來。

《春芳霍然》

冬殘雪清白，春芳豁然開。
江山重立志，大地再生來。

《孔子學院》

山間蔽日涼，清風道中芳，
柴門羅五穀，灶火映兩旁。

《澇日》
雲霞瀉塘灣，落日低河灘。
草漠平原靜，炊煙細上天。

《清明節》
拙見蒼松雲中埋，頑石絕壁天上開。
梨花盛處飛白雪。天下文明花更來。

《清明》
月靜入雲清，餘風漸消停。
江舟俱鳥影，遠上結深明。

《秋雪》
雪落秋山叢，草微越蔥蘢。
紛紛白是雪，冰冷花將紅。

《山村》
青衣小人家，河岸水生花。
日照斜山徑，門前漫雲紗。

《野徑》
野徑生雜草，無名花細小。
春急百媚爭，為子秋中老。

《江岸》

煙雨千層山，江流幾道彎。
桃花開遍處，最愛水雲間。
門庭幾日鎖，花落臺階白。

《壯懷》

雲淡風清日落山，黃昏萬戶生炊煙。
天將暮色人將老，樹上有月杯中彎。
風流何必不風塵，儒雅本為一朝真。
樂山樂水無限處，舉杯更樂舉杯人。

《遠山》

白雲看上端，大雁一行煙。
遠去南飛路，茫茫在那邊。

《傍晚》

鳥入夕林靜，烏蒙山色青。
屋簷月落影，遠近蛙連聲。

《牧樂》

雲漠不見山，白羊在下巔。
風吹過草地，隔岸去無邊。

《歸兮》

朝霞朱日輝，大雁幾重飛。
渺遠雲登岸，乘風幾時歸。

《秋楓賦》

不在高處不為東，秋風不顧楓不紅。
姹紫嫣紅誰為首，一派江山在北中。
朗朗雲闕蔟仙峰，瑤枝玉葉塗霄容。
華光異彩凋寒露，驟霜一夜俱飛紅。

《霧潛》

高山野流水，雜霧來去無。
雲開露庭院，幾道霞光初。

《流芳》

春風得意花欲落，人到時節芳香末。
終有煙花細柳哀，遺芳何必怨聲做。
幼童西指落陽處，大雁一行天上路，
忽見蒼穹通火明，天霞正是少年顧。

《日泱》

東山日漸升，水霧煙雲蒸。
一道霞光起，四方萬像通。

《鳥人賊》

神堂有曆鬼，畫筆描人黑。
自古難分辯，雞犬向天飛。

《牆頭草》

牆頭幾絡草，雨後隨風倒。
時而偶開花，未到秋中老，

《天道》

滿目秋風破，千山萬木枯。
一行飛鳥去，物盡天淨孤。

《落日》

落日殷紅圓，層層斷續煙。
天霞涉水遠，大雁飛那邊。

《行人難》

野山草木香，無道無人往。
只看夕陽致。愚人畫中央。

《清泉山》

雨後秋山落葉埋，鳥鳴幾處空余白。
雲崖只見三千尺，一泂清泉天上來。
有道春蕭芳正好，花香總被蜂蝶擾。
忽來一夜鵝毛雪，不見飛花落木少。

《無息》

秋山白日明，萬木皆枯容。今夜寒霜至，風吹落葉紅。
雪海漸消融。高山鳥語增。夜深漸無月，春雨時來聲。
根深枝葉茂，花豔子秋成。多少芬芳遞，春回大地庚。
月照寒山影，窗明幾戶燈。殘牆老榆樹，夜靜鳥無聲。
幾顧無人路，峰巒終落平。唯有心地遠，萬物方有靈。

《佛商賦》

好春遲來暖，野徑獨奇芳。水畔伊人麗，君德萬紫堂。
修身為何故，只為生靈常。夜咆偎乳鹿，寒甲護兒防。
授人以益果，不做門楹藏。陰陽各有界，塵世做佛商。
天地存愚罔，無奈各一方。是非終有論，何問五帝皇。
天山無大路，素淨聞天香。雲墨飛白雪，風急看蕭揚。
縱橫在天際，博望尋惆往。天綱地絡杳，臥榻設靈堂

《寫給小崔》

崔巍得浩氣，永在寒蕭立。
元志為人民，英雄令鬼涕。

《秋戀》

寒窗冷雨看秋生，舉酒不關落葉風。
愛戀秋中來日少，今朝更醉又何曾。

《詠白衣勇士》

提刀上馬披星月，斬斷情絲老幼別。
戰馬嘶鳴催壯士，殺敵千里血成河。

《春旺》

春芳柳木青，小雁初來生。
陣陣牛毛雨，徐徐半來風。

《壯士》

枯木逢春依舊開，天下誰人不塵埃。
杯酒飲盡壯士淚，千古今朝最英才。
寒流滾滾盡開來，橫豎大雪千般埋。
樂看天下無風景，願聞千里一色白。

《高域雪山》

雪壓青松寂寞增，清風掠過少餘聽。
寒山白日不飛鳥，雲過高天后無聲。

《水塘彎》

日落西山塘，蘆高斜夕陽。
蜻蜓一點水，暮色盡蒼涼。

《湖光》

平湖一線天，大雁飛雲邊。
水淨向何遠，茫茫岸上山。

《高巔》

雲裡幾層山，山高更上山。
奇花野壑處，最愛生嵐煙。

《高遠》
山高峰入雲，水漫石成群。
不盡天邊處，一行鶴成人。

《晚風》
霄雲幾渡曾蒼茫，一條大河入夕陽。
滔滔不絕向天遠，無盡晚風溢滿江。

《鄉戀》
妙齡生花樂衣裝，有問少年多猖狂。
姑借漁夫獨木遠，忽聞無限苦岸芳。

《雪夜》
雪落紛紛天色晚，不知林中鳥棲寒。
無邊長夜更渚酒，柴火風急雪封山。

《雪境》
大雪封山少風景，無邊寒夜孤飲酒。
殘門自有貓兒洞，新點紅燈照舊顏。

《水畔》
春生柳葉發，隔岸粉桃花。
鳥啼雲遮處，山中住誰家。

《雪》

雲黑天色烏，雪下千山無。
野戶白風漠，深山犬聲孤。

《夕陽》

天淨日朝西，炊煙裊裊低。
夕陽入水處，大雁一行離。

《午夜》

烏蒙夜無痕，萬物皆消沉。
偶有山風過，花香潛入門。

《天地潮汐》

東風不借春自來，莫讓桃花嫉桃開。
一代興亡歸舊故，青山何處不新埋。
天來春意送馥香，人不桃花心不芳。
若問高途何處是，官堂無欲身居荒。
昔日梨花似雪白，稱心欲嫁顧做哀。
黃昏不覺入禪寺，遠去鐘聲近生齋。

《江晚》

寒江落日流，蘆岸斜停舟。
又見炊煙細，徐徐遠上游。

《隱居》

烈日草木香，苦澀花麗芳。青蒿破殘徑，野柳漫石荒。
月墨山孤影，風來雨入窗。灶台獨飲酒，忠犬坐邊旁。
何需人世久，笑餘竟荒唐。窗外傾盆雨，風瀟越清涼。

《秋天》

雁歸曉雲空，秋寒麗水清。
白蘆紅日晚，裊裊炊煙升。

《雪夜》

烏鴉居樹老，日照偏西少。寒漠又黃昏，孤燈寂寞擾。
午夜天黑低，紛紛雪下急。風瀟犬聲遠，爐火剩餘熄。

《輕高放遠》

雲潮浩浩遠，水闊浪滔天。吾欲大風去，清明至無邊。
故有巍峨峙，百尺萬峰連。誰說烏雀小，直上九重巔。

《桃源情》

月照千山寒，烏白老樹斑。孤燈窗外影，夜靜正闌珊。
唏噓午夜雨，風敲門上栓，何人何事擾，桃開夜不眠。

《桃花結》

無知草木花自開，不等寒消蝶自來。
可恨紅塵多豔麗，人間淒怨由芳災。
一場春雨一場埋，三日不見桃花衰。
風流只嫁天高處，剪取雲紗做衣白。

《人面桃花》

天淨雲霞草色香，蜻蜓點水水清涼。
新生楊柳千千綠，人面桃花心自芳。

《仙家》

遠上雲開是桃花，桃花開處有人家。
一道殘徑幾斷路，一處方田少籬笆。

《約會》

春風為何夜不眠，想必孤獨月下山，
窗外繁華幾時落，何不今夜共嬋娟。

《心願》

往復四季天地關，江山適時有無間，
唯有天公萬物淨，只見飛揚是雪寒。

《雪山之戶》

漫天大雪封南山，孤坐灶台對酒寒。
毛草不生天下事，多煮清淡少煮鹹。

《雨》牧樂

細雨漫山坡，青衣遠上羅。
無邊山徑少，野柳花溪多。

《晚風》

霄雲飛渡匯蒼茫，一條大河入夕陽。
滔滔不絕向天遠，不盡晚風過大江。

《鄉戀》

妙齡水畔花衣裝，天上仙香地下芳。
更問船夫江上遠，落日將在哪一鄉。

《悲歡》

白日清波幾萬里，塵埃盡在水雲間。
欲乘急風烏濁浪，多少波瀾越高巔。

《雲》

雲集矮過山下留，放浪不盡去悠悠。
日月遺落紅塵處，韜光余影照江頭。

《雪夜》

雪落山林林迷離，高低遠近鳥聲熄。
無盡寒夜剩餘酒，柴火風聲雪正急。

《水畔》

岸岸柳葉發，門門見桃花。
匆匆鳥飛去，牆內是哪家？

《雪》

雲黑天色烏，雪下風急呼。
淡抹千山樹，濃裝萬山無。

《夕陽》

天淨晚霞西，炊煙雲墨低。
夕陽涉水處，大雁一行離。

《午夜》

烏蒙午夜深，萬物盡消沉。
偶有山風過，寒涼入柴門。

《春思》

春眠春眠春不眠，何物芳香入門簾。
日照春色無人境，初生桃紅對面山。

《孤秋》

天際雁歸平，殘霞落門庭。
孤燈寒夜雨，秋風過簷鳴。

《無忌》

蒼茫看盡端，百草綠青山。
天下歸無忌，江山任自然。

|11|
牧樂詩詞解釋

《春宴》

柳絮滿庭飛，落花入宴杯。

再來桃色酒，帶我一春歸。

　　這是牧樂詩集中最浪漫的一首詩。詩人在春天的庭院裡喝酒，庭院裡飛舞著柳絮和落花，飄落的花瓣落到了酒杯裡，更讓人陶醉，並在此大喝起來。同時，對於即將失去的春天感到失落，因此想同春天一起歸去，而常住在春天裡。體現了詩人的浪漫、幽默與幻想，以及對春天的留戀，把所有人帶入一個晚春的仙境。柳絮滿庭飛，落花入宴杯。再來桃色酒，待我一春歸。

《天道》

海水依天色，高雲乘風車。

若問君王事，隨波去長河。

　　這是牧樂詩集當中最著名的一首詩，大氣磅礴，哲理性極強，《天道》牧樂，海水依天色，高雲乘風車，海水永遠沒有辦法改變，只有天藍水才藍，天烏海也會烏，天上的雲只能順著風的方向飄走，大自然的力量誰也無法抗拒。有人問，自古有權勢的君王又如何呢？隨波去長河，也必須得民心者得天下。逆水行舟，不會長久。詩的內容表達了詩人對世俗和黑惡的憤慨之情，也僅是世人邪惡之人必將滅亡。海水依天色，高雲乘風車，若問君王事，隨波去長河。

《春園》

無聊春園寂寞開，偶有蜜蜂尋芳來。

清風吹過不實物，錯把落花當雪白。

無聊春園寂寞開，在一個百花盛開的春天，詩人孤獨的站在百花園中，看著盛開的花朵，一點也高興不起來。偶有蜜蜂尋芳來，偶然飛來的蜜蜂採完花蜜就飛走了，更增添了失落感。忽然一陣清風吹過，滾落了一地花瓣，像寒雪一樣被風吹走了。清風吹過不實物，錯把落花當雪白。這首詩最精彩的就是說：清風一點也不珍惜掉落的花瓣，把它當成寒雪隨意的吹走了。詩人雖然沒有過度描寫春天，但卻把春天說的生意盎然。同時也體現了詩人具有高尚的情操和正義感，更體現了詩人有遠大的抱負卻不被人理解和認識，對實現不了自己理想而感到孤獨和惆悵。

《行人難》

山遙草木荒，無路何人往。

只看夕陽處，愚人畫中央。

這首詩說的意思是，在偏僻生滿雜草的荒野裡，沒有任何人走過的路，然而卻有一個人硬是走了進去，大家都不理解他，認為他是個愚人，當夕陽落山的時候，這個愚人卻站在了瑰麗無比的風景中央。這首詩的寓意說的是，成功的人往往不被人理解，認為他是異類和愚人，然而多少年以後走過來，大家才看明白，當年那個愚人已經取得了巨大的成功。這首詩也道出了一個人生的哲理，大智若愚。

《野春》

花開花落忙，幾度繁花香。

聞盡蒼白物，唯餘野處芳。

花開花落忙，幾度繁花香。意思就是說一年四季有千萬朵花朵開放，什麼樣的花朵最香呢？聞盡蒼白物，唯餘野處芳。在百花園中，還是開在窮山僻壤高山高寒的野花才能吐出奇藝的芳香。預示著人生歷經苦難，品嘗到了許多人間疾苦，經歷了才知道，最美好的是純樸善良、自然真實的人生，靠自己的努力才能取得成功，才能體現人生的價值，體驗到人生最大的快樂。也表達了詩人不願被人或者傳統約束，放浪不羈的性格。說明了高者無峰，道法自然的人生哲理。

《風運》

殘路門前淨，高寒流水清。

谷深日照短，物盡人禪生。

殘路門前淨，高寒流水清。假如你住在殘破地方，很少有人來拜訪你，越是高寒的地方，水會越清澈。住在深谷中，日照的時間就會很短，人生不要太追求物質，人就會善良也無比的快樂。此詩道出了一個人生的哲理，只有無欲無求的人，才能可能取得成功，成為偉大的人。

《水調歌頭——一壺老酒》

茫宇幾何夢？延續到天庚。方得虛眼清界，盲吞四海空。

縱目千里愧匿，只看一代梟懵，泯蔑無限穹。

喜憂三分正，成敗三分盈。爵限高，生限世，富限空。

何去何從，無形清風溢滿城。

一夜瀟雨連綿，一壺老酒蓬眠，傀我一場夢。

清明莫太清，朦朧不朦朧。

這首詩寫的意思是：茫茫的宇宙存在多久了，誰也不知道，我們只能看到現在的樣子，仰望星空看不到盡頭，只能幻想罷了！

然而當我們縱觀人類歷史，即使是一代梟雄又如何呢？面對宇宙所有的一切都是微乎其微的，而今也全部化成了灰燼。喜憂三分正，成敗三分贏。況且歷史上所謂正確的事，也會有三分的錯。所謂錯誤的事，也會有三分的正確或者功勞啊！假如人生過於追求權力和財富，將是永無止境，有了還想有，一生一世都停不下來了。然而生命卻是短暫的、有限的。人生不過如此，不如兩袖清風。詩人正逢秋雨連綿的夜晚，喝得酩酊大醉。

傀我一場夢說的是，我要感謝這個秋雨連綿的夜晚，感謝這美酒，讓我忘記所有的煩惱，讓我快樂地做了一場夢。清明莫太清，朦朧不朦朧，人生永遠要保持半清醒半湖塗的狀態才好。

此詩道出了人生的意義和做人的道理。無論何時何地，做任何事情，都不要過度追求完美，當達到完美的時候，就會向著相反的方向轉化。所有的人和事都是雙面性的，永遠沒有完全的正確或錯誤。永遠都有看不慣的事，所以對別人不要太挑剔，太挑剔的人，身邊就一個朋友和可用之人都沒有了。別讓自己太累了，珍惜身邊所有的人、珍惜當下、珍惜生命、珍惜健康，珍惜快樂。

好的詩會百讀不厭，而且每一次閱讀都會有新的體會。

《紅樓》

紅樓落霞滿，大雁啼聲遠。

黃昏山外山，小徑去多婉。

此詩描寫的是在晚霞當中的一座紅樓，在天際上有一群西歸的大雁，啼叫著飛遠了，景色優美卻十分蒼涼。然而在黃昏中又看見了層層的山巒和蜿蜒起伏伸向遠方的小徑，令人想往，令人至行。

預示著再好的風光也會一閃而過，當人生最輝煌的時候，也是快結束的時候，好高鶩遠，不切實際的追求，不如走進自然，做一個普通人，享樂天賜。

　　也表達了事物的輪迴。人生總有不如意的時候，然而當失去了舊的，就會有新的開始，會有更美好的東西等待著你，這是物極必反的道理。

《秋》

秋風黃綠少，曠野枯黃草。

寒谷幾啾聲，滄茫渡水鳥。

　　這首詩描寫的是一個晚秋的風景。樹上的葉子快要落乾淨了，曠野中只留下了一片片的枯草。寒氣中，迴蕩著幾聲淒婉的鳥叫聲，然而湖面上依然有一隻鳥掠過。

　　把晚秋描述的蒼涼而蕭瑟。凋零且冰麗。讓人惋惜、遺憾而又頑強和生機，表達了大自然的生生不息和詩人積極向上的精神。

《春遊》

萋草芬芳花引路，桃蹊澗裡同幽渡。

不知十裡賞花客，相逢恰是春來初。

　　這是一首描寫初戀的愛情詩。兩個人在春天相識了，走在開滿鮮花的林間小路上。路上雖有很多的遊人，但初戀情人之間的彼此相愛與專注，根本看不見來來往往的遊客。愛情正像這初春一樣暖暖的、盎然的。

　　表達了詩人對愛情的忠貞嚮往，對人世間的美好願望，以及對生活的美好憧憬。

《初戀》

不吝春宵千刻金，只為純情一淚銀。

無奈相思無奈遇，可憐天下初戀人。

　　這首詩描寫的是初戀的情人。越是愛著對方，就會越發在意對方所做的一切，往往只為了對方的一句話、一件小事而小題大做，而掉眼淚、鬧翻了。無奈相思無奈遇，可憐天下初戀人，想忘又忘不掉，只能在痛苦中煎熬，白白浪費了保貴的青春和時間。

《油菜花》

　　黃花入青天，白鷺一行煙。

　　淡去無邊影，清風剩日閑。

　　一眼望不到邊的黃花和天邊相連，突然天空中出現一道白色的煙霧，原來是一行白鷺飛過。當白鷺飛走以後，優美的景色又靜了下來，只留下了黃花、清風、陽光。

　　此詩描述了一個廣闊無際的靜態空間，讓人美輪美奐的感覺。讓人遐思與神往，體現了心無雜念，孤獨最美。

《還鄉》

　　昨夜春風吹漠荒，青蒿野柳苦芬芳。

　　新來戶戶桃蹊徑，舊去家家鳥還鄉。

　　此詩描寫了一個初春的早晨。昨天晚上，刮了一夜的大風，早晨起來發現柳葉發出來了，還能聞到淡淡的苦味。溪水也開始在每家每戶的門前流過，家家的雁子也都飛回來了。

　　好一個春意盎然，生機勃勃的春天畫卷。

　　寓意幸福吉祥，保護自然，天人合一，返璞歸真的美好生活。

《六月雪》

　　茅廬石上坡，陡峭寒雲多。

　　六月天降雪，門前凍蠶蛾。

　　這首詩的前兩句寫的是，在陡峭的山崖上，有一座茅草房，經常被雲霧籠罩。本來已是春晚的時節，天氣突然降溫了，下起雪來了。春天裡的蝴蝶被這突降的寒雪，凍僵在門前的地上了。

　　此詩敍述了一個自然現象，卻巧妙地給人帶入了一個綺麗的童話世界。不應該降的雪，凍僵了蠶蛾，表達了高原上的氣象萬千，大自然的詭異不定。從住的環境來看，表現了詩人不與世俗同流合污，有著平凡、無欲無求、孤獨、自然的氣息。更有著與眾不同的思想，有著對大自然的敬畏和千絲萬縷的心情。

《鄉稠》

草戶柴門清，炊煙自由蒸。

風急雪下晚，遠遠犬來聲。

此詩描寫了一幅鄉村畫面。

　　草戶柴門清，對於無欲無求的人，因為貧窮所以無煩惱的事。炊煙自由蒸，生火做飯的炊煙隨風飄散。預示人生在自由自在中渡過，非常的簡單又快樂。到了傍晚，大風吹過，天氣忽然下起了鵝毛大雪，而且越到傍晚，雪越下越大了，什麼也看不見了，整個世界都變成了銀白色，只能聽到遠處傳來狗叫的聲音。

　　此詩表達了當一個平凡人。生活在人間煙火裡，無比的快樂和滿足。

《小人家》

林深遍地花，野徑去誰家。

雲裡桃花見，雞鳴天上崖。

　　詩的大概意思是，在深林中到處開滿了野花，一條蜿蜒崎嶇的小徑延伸至深林中，最後不知了去向。此時突然看見高高的山頂上，雲朵的縫隙中，有桃花開放，而且還有雞的叫聲。說明山上一定有人家居住，這條小經一定是通向山上人家的。

　　此詩巧妙地描述了一個高山深處有人家的世外桃源。同時也表達了詩人樂山樂水的野居之心，這首詩好就好在具有公共性，猶如一片靈魂的空白之地，不同人的不同情緒都可以放進去，所以人人百讀不厭、樂此不疲、口口相傳。

《春汀一》

春來淡色青，水草一棵生。

頂落蜻蜓小，風流水在行。

　　春天不知不覺地走來，萬物復甦的大地漸漸的變成了淡青色，水草也在水溏中冒了出來，還有一個小小的蜻蜓落在了上面。當春風吹過，蕩起的漣漪向前流過，是風在動，還是水在流，還是蜻蜓和水草在移動呢？這個時候已經分不不清了。

　　詩人描寫一個初春的景象，卻惟妙惟肖地讓人感覺到初春的溫暖和生生不息的希望。上下句委婉且邏輯連貫，從靜寫到動並達到高潮，生動地展現出一個到處充滿了蓬勃生機的春天。

《春汀二》

春宵萬物醒，野草幾棵生。

只見蝴蝶小，寒中落又停。

　　一個初春的早晨，還帶著寒氣，卻已是萬物復甦，青草初生，只見蝴蝶小，寒中落又停。此刻更有一隻小蝴蝶飛來了，在寒中跌跌撞撞地，急不可待的樣子，此詩通過對蝴蝶的憐憫，卻道出了初春時節的盎然生機。

《荒野》

荒野莽莽幾泛青，高崖簇簇點朱紅。

春風又滿無人路，豆冠不知車馬行。

晚冬即將結束，看見山巒起伏的枯野淡淡地泛著青綠色。懸崖上也有星星點點的紅色的蓓蕾綻開。

春風又滿無人路，豆冠不知車馬行。閒置了一冬天的無人路上，也長滿了各種小草和野花，然而隨著天氣逐漸恢復過來，這裡會車水馬龍的，會將小草和野花全部壓毀的。

詩人：即讚揚了春天的美好與夢想，同時也對春天的到來感到珍惜。也暗示和警示年輕的人們，人生的旅途上，危機處處都有。

《野藤》

石峭樹琢平，邈荒草木生。

一藤千里縱，萬苦也相逢。

在蜿蜒曲折的山坡上，長滿了各類樹木，越是荒蕪人煙的地方就越是長滿了雜草。

一藤千里縱，萬苦也相逢。然而藤類植物會脫穎而出，爬向更高的地方，並在那裡匯合。

這裡的草木、藤木，有可能代表著黎民百姓。此詩採用擬人的手法，歌頌了人們雖然受盡各種苦難，但不怕困難，不屈不撓，依舊保持團結和友善，和對生活的熱愛和樂觀態度。同時也讚美了那些，為追求真理而奮鬥的、卓越的人，謳歌了那些不達目的決不甘休的高尚情操。

| 12 |

《牧樂詩詞講座》

一、詩詞由淺入深，再由深出淺的過程

一切藝術都必須經過深入潛出這道屏障，才成為即可攻又可守，來去自如，並產生結晶體。

這個結晶體就是再流太白，雅俗共賞的作品。否則就成了沒有學文的大白話，真太白。所以詩人要習慣用古漢語寫文章、寫散文。再特別熟練掌握詩詞的格律。然後再讓自己的詩詞作品口語化、流暢化、幽默化、風趣化。不口語化也不會寫出膾炙人口的作品，就會成為自樂、自賞的「僵詩」。

總之：能夠讓人口口相傳，念念不忘，能夠傳世的作品，幾乎都是有學識人的順口溜。

這個過程就像一個人，先潛入水底，再浮水上來。

但往往在一個人身上，同時做不到這兩個動作。

什麼是牧樂定律與藝術偉人？

在生活中有兩種人，一種是幽默風趣的人，老百姓叫好得瑟。這種人往往學識淺薄，不善於刻苦學習。

　　還有一種是學識淵博，善於刻苦鑽研，耐得住寂寞，基本功扎實。但凡這種人一般都不幽默，老百姓叫做「老學究」。這類人只能成為科學家，且成不了藝術家。

那麼同時具有這兩種性格的人，有沒有呢？

　　幾乎不可能，一個向東，一個向西，兩股勁；所以少之又少。如果是這種人，無論在什麼行業，那這個人一定是一個偉人。這種人也被稱為陰陽兼得之人，

　　研究世界所有偉人，得出了一個非常讓人驚訝的結論。他們都是既學識淵博又幽默詼諧。有如愚公移山的老黃牛、實幹家、莊稼漢，能耐得住常人不能忍受的，能承受寂寞、孤獨和任何煎熬；有著頭懸樑錐刺股的學習精神，卻又天賦聰明，放浪不羈，幽默詼諧。

　　雖然和藹可親，同時又有雷霆般的脾氣。比如毛澤東一生書不離手，最能刻苦鑽研學習，又是一個幽默風趣的人，既和藹可親，關鍵時刻又雷霆萬鈞，所以兩種性格居一身的人，少之又少！

　　因為藝術本身就是一個特殊的產品，既要有絕對的規範，又要讓人賞心悅目。上通天下連地，把天大的道理化為民眾宜懂通俗的東西，所以同時具有二種性格的人才能創造出來雅俗共賞的作品。

　　既雅又俗，既深又淺，既實又虛。基本功扎實，哲理性強，幽默詼諧，返童式的大家風範。

　　所以藝術大師級別的人物特別的少，特別的珍貴。總之，在一個人身上，就出現二物相反互補的運動，即牧樂物質總定律。

　　所以功夫不深，知識拿握的少，寫出的詩就真成了順口溜。反之，不幽默把詩又寫成了難以讓人聽懂的「僵詩」。

　　無論你是鋼琴家，舞蹈家，畫家，書法家還是詩人。如果你是個很幽

默、搞笑之人，你就要學會沉下去，強制自己刻苦耐勞。如果你已經很刻苦耐勞了，你就多唱唱歌跳跳舞，多學一些幽默、風趣的語言。

我經常建議畫家、書法家多寫點詩，有詩情才有畫面感。作品就是人品，人什麼樣，作品就是什麼樣的。你如果灑脫自然，優雅知深。你的作品才會越來越灑脫自然，優雅知深。

好的藝術作品明的、淺的是俗和風趣。暗的、深的是雅和功底。俗讓人身臨其境，貼近生活。雅讓人高尚、哲理、藝術昇華。

作品從頭到尾都是大雅大俗，風趣與功夫的不斷交替與互補。在此這又展現出了二物相反互補的宇宙定律。因此所有的事情都與物質總定律有關！

二、詩詞的韻律規範

不要成為詩詞格律的奴隸。更不要成為別人作品的囚徒。

詩詞歌賦，當然要有樂感，也就是講詩的韻律。在這裡我們就不講了，沒有韻律就沒有了流暢。這是詩詞區別普通語言的本性。但是必須是熟練掌握格律，才能自如地駕馭。

這裡有一個問題，初學者是先嚴格講律制好？還是先自由發揮好？我認為應該逐漸地嚴格遵守格律好。剛剛開始押韻就行，以後再逐漸講平仄，這樣以後的作品會很自如，不匠氣。

如果你剛開始太嚴格，就像一出門口，就被格律給絆倒了，永遠都會為律而言詩，成為律的奴隸！

有時候平仄可根據詩的境界而改變。為平仄而改變一個字，影響了詩的境界和情緒，那就划不來了！更何況原來古人的韻律，也是在創作中發現的。

一幅畫、一首詩的好與壞主要是取決於，是否能夠讓人賞心悅目，打動所有人的心靈。大多數人寫詩都是秉詞承律，只要格律成了，就成為了詩詞作品，這是最大的誤解，然而這種人太多了！

　　還有我建議：如果你是一個寫詩的人，千萬不要熟背古人的好作品，要欣賞其技巧和意境。就像你熟練了別人畫的梅花，以後你一畫梅花就是人家的模樣，再無法創新了。

　　比如，當你的內心有了「飛流直下三千尺，疑是銀河落九天」，你只要見到了瀑布，就會想起來這個句子，再也無法超越了。所以你已經會被古人的作品給蓋住了，這就是如今為什麼所有的人，都無法超越唐宋詩人的主要原因，

　　詩詞的格律規範本身就是為了因律而流暢，有節奏而美感。

　　韻律就是陰陽交替和不斷的再現過程，即牧樂物質總定律的過程。平仄就是一高一低，即相反的二物，押韻就是讓其重複再現。

　　兒童先詠唱兒歌，長大以後，再讀唐詩宋詞才能理解其內涵。所以我不建議從小就寫律詩。打一開始就講格律，就相當於一出門就被困住了，以後再也走不出「律」這間屋子了。所以有很多人寫的詩，格律很對，用字都是為了符合格律的要求。結果是生搬硬套，磕磕巴巴，自己明白別人糊塗，缺乏自然流淌。

　　我經常講的一句話叫一腳門裡一腳門外。先是天馬行空，再回來規範；再天馬行空，再回來規範，往復運動，這樣才不會被困住出不來。無論你是學什麼的，這是一個實踐與理論的問題，一個非常值得收藏的學習方法，其當然符合牧樂定律。

　　比如你是學習發動機的，國外的教育是讓學生先喜歡上了發動機，想製造發動機，再去學習有關的理論知識。而我們的教育正好是相反的，不

論你喜歡不喜歡，都必須先去學習理論，再去工作。所以往往學習的是發動機專業，畢業後卻成為了銷售員。

家長要先培養孩子欣賞享受音樂，再去讓他學鋼琴，以後才有可能成為藝術大師。

什麼是填鴨式的教育方式呢？

中國家長，從小就逼孩子，學習彈鋼琴，學習舞蹈，畫畫，書法等等，結果長大後一下都不會碰這些東西。為什麼呢？從小父母逼著學的，長大以後，一看到從小練的東西心就打怵，有陰影了。凡是有成就的大名家，哪個不是自學、樂學成才的呢？

樂佛而出家，興致而入道。

在此，所以我奉勸各位家長不要太逼孩子學習太多的東西，太重視考試的分數。要看孩子在哪個領域更擅長和愛好。試試培養你的孩子在某領域的樂趣，不要與別人攀比，否則學成了發動機專業又去當銷售員了，這一反一正得浪費多少錢，消耗多少孩子們的時間和歡樂的童年。

小雞和小鴨子同時過河，小鴨子游水更快，小雞在水上過就沉下去了，小雞在橋上跑得比小鴨更快，選擇大於努力！

三、詩詞中的陰陽

詩詞中的陰陽調和，是最大的哲學思想。比如詩歌中：平與仄高低起伏，具象與抽象的變換，雅與俗，詞性相對：遠近、高低、大小、長短、黑白、方圓、冷暖、好壞的對比與反轉，對比越多作品越豐富有內涵。因此，所有的一切都與宇宙定律有關都符合其原理，即牧樂宇宙物質運動總定律。

其哲理：(1)兩個相反的詞在一個句子裡。(2)詩詞中的上下句。(3)整個上部內容和下部內容之間的陰陽。

比如：

《行人難》

山遙草木荒，無路何人往。

只看夕陽處，愚人畫中央。

這首詩中的上部是陰，下部是陽。老實厚道的「愚人」，最後晚年卻成功了。

一首詩詞的主題思想，整體就是敘述了一個好與壞的故事，

《春喜》

夜風陣陣上朱樓，窗外蕭蕭幾刻休。

春木恰逢連夜雨，桃花不覺上枝頭。

這首詩體現了詩人把遭遇和磨難，化為了成功的動力！所以寫詩的人心態不好，或者是一個心胸狹窄的人，連愛什麼，恨什麼都不知道。也就不會有正義與邪惡相反的意念，怎麼能寫出好作品呢？

歷史中，沒有哪一個大壞蛋，會成為一個藝術大師的。但凡真正的藝術大師，在生活中基本都是一個大好人。沒有哪一個藝術大家是一個大壞蛋，除非是個假大師。所以真正的、有才華的藝術家，一定是個懂得自然規律，知道正義與邪惡的存在。明事理，有修養，有德行不貪圖名利的君子。也絕不會太多地到處主動的宣揚和炒作自己。

正所謂藝品就是人品。沒有高尚的情操，怎麼能創造出高雅的作品？俗話講：狗嘴裡怎麼能吐出象牙來？越是高樓大廈，越是高品質的材料做成的。土坯子永遠疊不成萬丈高樓。藝術需要真功夫，更需要德行。所以平時願意壞人的小人，在他的內心不會有陰陽交替的道理。因此在藝術界

決不會有任何成就的，正所謂：壞人壞自己。

四、詩詞中的幽默

誇張，擬人，借代，裝傻，童言無忌等等，共同組成了一個樂觀的心態就是幽默。

《花為媒》
一樹春發萬樹花，齊花更笑盛雲霞。
雲霞只在天邊盡，謝罷春花有子芽。
春花與雲霞，兩個擬人化了。

《盼望》
小蓮又來河岸邊，只見花草未見還，
不信郎君忘情水，只因走時忘帶蓮。
這裡小蓮說的話，就是以一個小孩子口氣講的。

當把自己變成兒童的心境。也是最高境界。最高境界的書法、繪畫、詩詞等，都是返童。無論是卓別林還是趙本山和一些相聲表演，都是在扮演著一個裝傻的懵懂無知兒童。

正所謂一個什麼樣的人，就會釋放出來什麼樣的作品。這是一個鐵的事實！

為什麼說一個太老實的人當不了藝術家？因為一個豪情萬丈的人，才能寫出波瀾壯闊的詩篇。一個縱觀宇宙的人，會把地球描寫成灰塵，把人類描寫成蟲子。一個縱觀世界歷史的人，會把一場戰爭說成是一場融合統一，視為兩個群體產生的化學反應過程，一個研究地質資料的人，會把人類產生的時間，說成是一次閃電。一個研究微觀的人又會把分子看成了一個地球。有的農夫會把院牆往別人家那邊砌，占別人的便宜。一個流浪漢會因為一塊麵包與人撕打。

這就是説什麼樣的人，就有什麼樣的思想，做出了什麼樣的事；創作出什麼樣的作品。

人如果不幽默，創作出的東西就是科普知識。無論什麼藝術，只有幽默與風雅的結合，才能成為藝術。

當然了，有知識的人幽默叫風流倜儻，沒有知識的人幽默叫庸俗，地方官的幽默叫親民，藝術家的幽默叫風雅，流浪漢的幽默叫下流。

五、詩詞中的留白

簡單地説：一張白紙誰都可以用，你想在上面畫什麼內容都行。叫公共性強、或者叫給人的思維空間廣闊。

一個裝滿貨物的房子，怎能讓人入住。一個塗滿畫作的紙，無法再寫上其他人的東西。一個滿腔情緒的人，只能是曾經有過同樣遭遇的人，願意與你交流。心裡乾淨，沒有太多想法的人朋友反倒會多。

為什麼男人更容易愛上一個失意，無聊寂寞的女人。因為這時候的女人，已經象白紙一樣了！

在生活中男人會更愛上一個，純潔無知的少女？還是什麼都懂，或者傷痕累累的熟女？等等。這一切都與「空」有關！正所謂女子無才便是德。你空才能讓別人更容易，走進你的心靈世界裡。

如果進一步研究，會更有意義！

比如，為什麼人願意向無欲的佛主傾訴痛苦、祈求保佑呢？一個無欲的神，什麼事都做不了，怎麼能幫助你免災和發財呢？

原來他告訴你，當你無欲的時候會有好多朋友來找你，錢也會跟來找你，什麼災難都沒有了。無欲正是人心的留白！是人的最高境界。

在生活中越是挑剔的人，經常發牢騷，經常提出建議的人。朋友越少。反之越是隨和、話少、忌諱少的人朋友越多。這是因為你胸懷越大、越坦蕩，人們就越是願意和你傾訴。就如一張白紙，人們當然願意在白紙上寫畫，如果你已經寫滿了，別人就不願意在上面寫畫了。

所以藝術作品要留白，留白越多越能吸引觀者。人們就會在此基礎上傾情，再創作。

當一個人心事重重的時候，往往願意到一望無際的大海、草原、沙漠中行走。而決不是鬧市區或者繁雜的動物園。所以但凡大師的畫作，往往畫面乾淨，即用墨少，空間感還很強，空白的地方你想什麼就是什麼。

所以不論是人、還是各類藝術作品，一定要成就大眾，追求公共性和思維空間，即留白。

所以當把詩的畫面描繪的越少、越乾淨越好。

那麼最乾淨的、趨於白紙的詩，就是下面這首詩：

《江雪》

千山鳥飛絕，萬徑人蹤滅。

孤舟蓑笠翁，獨釣寒江雪。

描述的幾乎成了一張白紙。所以各種各樣心境的人，都願意讀這首詩。當你心煩意亂的時候更願意讀這首詩。失戀的時候也願意讀這首詩。而且百讀不厭，願意和這首詩相伴，當然更願意和詩作者交朋友。總之什麼樣的心情都能放進畫面裡。

然而真成為了一張白紙可以嗎？不可能的。因為波動曲線告訴我們，萬物之極就歸零了。

一幅畫用墨越少越好，但不是沒有，一首詩用字越少越好，但不是沒有。但是無論任何藝術越少、越白的作品越難上加難！

六、哲學思想的貫穿與流露

舉個例子，員警抓小偷，員警抓人的願望是小偷越少越好，但是如果小偷真的一個都沒有了，員警也就失業了。所以理想只能是目標，理想就是極點，然而極點就是歸零了。鑽石和玉如果沒有了瑕疵，就沒有了所謂的瑕，也就成為了玻璃。

藝術作品只能趨向完美，不能成為理想的完美，完美就是歸零了。所以無瑕疵、極完美的作品都是庸作。只有瑕疵與完美的相對共存，才有互補新生，否則物極必反。

一個名作都是有爭議的，一個偉人也是有爭議的。也就是說如果一點也不犯錯誤的男人，就是一個娘娘炮，所有世界上的一切都是好壞並存，美醜交替。因此，所有的事情都與牧樂定律有關連，都符合其原理！

七、詩人的情緒：愛恨情仇，喜怒哀樂

乾隆皇帝一生寫了四萬多首詩。可是一首讓人記住的都沒有。就是因為他體驗不到人間的煙火，人世間的喜怒哀樂、悲喜交加的情緒。體驗不到柴米油鹽醬醋茶的生活。更不會知道失戀和思念是什麼味道？喜歡那個女生，當天就入洞房了！他怎麼會寫出李清照的愛情詞句。亡國皇帝李煜卻成為了偉大的詞人：昨夜小樓又東風。陸游是在走頭無路的時候才寫出的千古絕句：山重水複疑無路，柳岸花明又一春。如果不是曹丕的死逼下，曹植能寫出千古名句七步詩？

要想成為藝術大家，一定是曾經被折磨的死去活來。

一個人從來沒有被歧視、被欺負、傷害過、受過苦。長大後就不會是一個堅強的人、完美的人。歷史上那個名家不是嘗盡了人間的酸甜苦辣？又有哪個名著，不是字裡行間充滿了愛恨情仇呢？

《相知》

春園幾秋草，落地桃花早。

此處何人知，抬頭見樹鳥。

此詩的最後兩句，不正是愛恨情仇的結果嗎。

因此，要想寫出更好的作品，你的經歷更多嗎？

在你的胸中充滿了能量嗎？這個能量就是更愛什麼？更恨什麼？眷戀什麼？鍾情於什麼？而不是一個空空蕩蕩的房子，它與上面講的空與白並不衝突，完全空白就出世成佛了。當然這裡更多強調的是一個人的經歷！

總之我們可以這樣想像一個人：滿頭白髮，經歷過歲月蹉跎，多次被打擊，死裡逃生，死去活來，卻沒有被擊倒。而且依然對生活充滿了信心。又很幽默、風趣、樂觀，這麼一個小老頭、不倒翁，那麼這個人才可能成為藝術大師！

八、讓人快速入境，抓住人心

舉一個例子：不是下流，而是為了讓大家更好的理解。女人勾引男人的最快方式，直接把大腿露出來，要比語言和眼神來的更快！

「飛流直下三千尺，疑是銀河落九天」。

有的人講話總願意講過程，這樣就會慢了好多。所以會講話的人常常講結果。直接用各種結果來比較和說事。

《雲峰》

山高層層未見山，白雲遮處更無邊。

雪寒三月不飛鳥，桃開時節有人煙。

每一句都是一個結果，快速把你的設計場景展示出來。

再比如：小說不如電影，電影不如現場直播。現場直播不如身臨其境現場觀看。

所以快速的導入境界最主要，能用一個字不用一句話，能用一句話不用一段話？！

因此寫詩用什麼字更快更貼切，很重要！

九、抽象與具象

一種是把最平常的小事，詩人把它上升為大道理了！另外一種是善於運用概括性的字句。還有一種是寫實與抽象的不斷變換。即高度概括和具體實物的結合。

《秀美》

高樓月下花，未笑艷如霞。

樂舞生煙柳，柔情淡墨佳。

在這裡：未笑、樂舞、柔情，都沒有介紹是誰的表情和動作。只有花寫了屬名，是高樓的。但是花又成了，你我她的總稱。所以這一切都可以套在任何人的心上。

《青竹》

日照微香奇，風吹點頭低。

節節只生綠，明物羅青衣。

寫青竹但沒有提到一句青竹，最後昇華為「明物」。目的就是適用於任何人和事。

更深層的是具像就是一件生活中的小事，若化為抽象，就是大道理，

有的人總是為點小事而過不去，那麼這個人不懂得識大體。不知發生小事的自然道理所在。不把小事昇華致大道理層面來看。

《春老》

枯黃冒寸草，花癡寒裡早。

老樹新發芽，恰是少枝好。

老樹指的是地位平平的一個老頭。還是少講話，裝不懂，不招人煩，自知之明點好。對於老頭木身來講，植物生長本來就老了，樹枝少點更輕鬆些。

這裡的「枝」借代「知」的音，知道的意思。抽象：概括了一個資深老人，話語不多，很有修養。所以把一個自然現象上升為一個哲理。

詩裡還有一個，描述陰陽之美的感人畫面：老朽古木枝少、葉少、花少。老老頭懷抱著一個小姑娘。老與少，舊與新的強烈對比。反之沒有強烈的對比，就不會有出奇得美麗。

舉例：在路上一個女司機擋了路，讓人很生氣，識大局的人就不會生氣了，女司機幾乎都一樣慢。一個人開車變道搶了自己的路。如果識大體就不生氣了，誰又沒有著急的時候呢？

美國對中國在南海的挑戰。識大局的人會把每一次挑戰，看成是地球村的兩個獅王爭霸，是必然的導致，而不是讓一步退一步的事。

所以學會升級看問題，也就是一個人的世界觀。用高妙解繁雜求清楚，是高者的智慧，

所以詩人要站在高處講話寫作。講一個具體事，隨後就昇華一下，來回交替地進退。

因此詩寫好與壞，還是人的事，世界觀的事，站在什麼高度的事。

一個僧人四大皆空，其實什麼事也做不了。只是一個高境界的人，在世之人要做成具體事的。所以在世的高人，必須在兩者之間走動。

這又是回到了原點，即牧樂物質運動總定律，有與沒有之間的二元互補。

十、詩的旋律。圍繞一個事，重複地講一件事，一句比一句升級與　強烈

　　無論是磅礴悲壯或優雅寧靜都要重複而且專一。所有的前句都是為後句服務的，後句更是一句更比一句猛烈。就像長潮時的海浪，一波更比一波強烈。

　　大海是由一個個重複，卻又不完全一樣的海浪組成的。廣闊的沙漠，群山，雲朵等等也是如此相似地重複，才顯得壯觀與美麗。這就像音樂中的旋律，舞蹈中重複的動作。

　　詩中各句話都是表達一樣的事，卻用不同的角度和方式。其詩詞作品才能波瀾壯闊或優雅、精彩、動人！

　　再比如：當你在公車上聽一位乘客講，公園裡有一個猴子會講人話，你不一定信。當回到家裡，婦人也與你講有一個猴子會講人話，你可能有點信了，當你上班的時候，聽到幾個同事都在講猴子的這件事，此刻你就會相信這是真的了。所以被不斷的人，重複的講，謠言也成了真的了。

　　一個女生穿衣一套大紅色的衣服，顯得格格不入，但是如果一群女生都穿了這大紅衣服，就會覺得很壯觀。

　　因此，無論什麼東西被重複，都會很壯觀好看。

　　《秋》
　　蕭蕭萬木落，處處冷青稞。
　　昨夜淒風曆，寒窗凍蟬蛾。
　　把秋寫的越來越冷了。一波又是一波。一波強於一波。

十一、整個內容符合邏輯

　　上面講到從頭到尾都在講述一件事情，詩才有力量。然而一定要前因

而後果。符合邏輯、符合平時生活中的自然規律。

《儷水》

日落蘆塘灣，停舟月上山。

風傳暮色遠，隔岸有漁煙。

日落後才能有月上山，再往遠處看才能有暮色，遠處是隔岸，才有了隔岸觀火。看見了打魚的人在生火做飯。所以就象描寫一個人，從頭到腳都是一個特定區域的人。

(1)一般邏輯思維

舉例：當一個人經常說別人的壞話，結果周圍的人遇到被人誹謗，都會認准是他幹的。一朝拿了人家的東西，所有的人再丟東西了，第一個懷疑的肯定是這個人。所以古話講占小便宜吃大虧，因此，這兩類人永遠都不會事業有成。

這就是講述了一個人生的因果，其邏輯推理的過程。

(2)聯想的邏輯思維

當兩個人打架後，各講自己的理。其中一個人講的條條是道，全是她有理，說自己才是受害者。絕不承認自己有任何一點點錯誤。但嘴角都講得冒沫子了，那麼基本這個人，就是經常罵街的潑婦，所以一定是她欺負了別人。

所以通過當前的表面，就會讓人聯想未看到的東西。電影的劇情經常會用這種方法。因此往往寫小說的人都是一名合格的偵探。

所以邏輯思維是高級生命的產物。沒有了邏輯思維還能寫出來好的小說，畫出名畫，寫出書法和詩詞嗎？

再舉例：經常看真實歷史的人，經驗才豐富，人才成熟。對於閱歷少的年輕人，你如果想成為一個成功者，不建議你去看《紅樓夢》、《西遊記》、韓劇等。因為此類文學作品都是作者脫離生活杜撰出來的，為娛樂藝術。按劇中哲理去做事，是不會達到劇中的結果。因為劇情不符合自然的因果關係，即邏輯性。

少年時代要多看《三國志》、《中華上下五千年》、《基督山伯爵》、《魯賓遜漂流記》等書籍。其內是真實事件，按其行為準則，你人生就會得其劇情結果。也因此才能真正讓歷史做一面鏡子……。

《雪漠》

大雪封山少風景，無邊寒漠孤炊煙。

殘門自有貓兒洞，新點紅燈照舊年。

此詩描述了在北方過春節。

大雪紛飛，農村都有「閑冬」的習俗，也就是老婆孩子熱炕頭。過年了點上紅燈籠，準備了好多年貨，什麼工作都放下了，除了吃就是睡，累了一年了，喝點酒好好休息。這就是過年。家中養的貓狗都在門口留了一個洞，讓其自由進出。

《雪漠》「大雪封山少風景」：送你一張白紙，你畫什麼就是什麼。

「無邊寒漠孤炊煙」；送你一張白紙，略帶煙景，你畫什麼就是什麼。

「殘門只有貓兒洞」：思想上的白，不顧忌太多，殘缺是自然的美，反倒留給其他人或動物們的餘地。

「新點紅燈照舊年」：有了這些，不論怎樣，依然我行我素，其內心深處自有定論。

一個平凡的人，一個平凡的年夜。當上升為抽象的時候，道法自然了，有了一個廣闊的心境，漠視自然的殘缺，知足而常樂，點亮新的起點，歡度新年！

十二、當格律與流行相遇，流暢優先。當流暢與幽默相先，幽默優先。當幽默與哲理相遇，哲理優先。當哲理與意境相先，意境優先。

　　沒有規矩就不成方圓，格律是詩詞創作的一把制尺，也是繼承傳統詩詞歌賦美學的標準。

　　然而當按格律完成造句以後，經常會遇到不流行，有點像繞口令似的。這個時候一定要調整，即使違背了格律也要選擇流行。因為最早詩詞的產生，就是從流傳的民謠而來的。後來對流行的民謠進行總結，才有了格律。所以格律就是為了流暢而格律。你的詩詞如果不流暢一定要勇敢地改動。

　　你願意和一個說話滔滔不絕，很流暢的人在一起呢？還是一個很幽默風趣的人在一起？所以詩詞中的幽默風趣、甚至帶有諷刺，非常重要！

　　然而當幽默與哲理相比，當然是哲理是老大了。

　　當哲理遇上意境，好比一個只會講道理，一個非常漂亮的女人，你喜歡那一個？那麼人們當然喜歡後者意境了。所以詩詞中的意境是最大的老大！

　　春眠不覺曉，處處聞啼鳥。
　　夜來風雨聲，花落知多少？

　　《春喜》
　　夜風陣陣上朱樓，窗外蕭蕭幾刻休。
　　春木恰逢連夜雨，桃花不覺上枝頭。
　　其意境之美，百讀不厭！

《春老》
枯黃冒寸草，花癡寒裡早。
老木新發芽，恰是少枝好。

這首詩雖然違背了很多常規。但是很流暢，又有哲理，又幽默。
如果按律改為：
枯黃冒寸草，雪裡花癡早。
老木新發芽，一枝恰似好。
雖然格律符合，但是意境大打折扣！
由於找不到太好的詞符合格律，又意境很美，無奈之下只能捨去格律，讓格律讓路了。

當然最好的詩是以上幾點什麼都不差。然而一個著名的詩人一生，又有幾首完美的詩詞呢？
經驗告訴我們，如果你時刻都在想，把詩寫到最完美。那麼你一生一首詩都不可能膾炙人口。
反倒大部分詩是殘缺的，偶然會有一首什麼都完美的詩。
人的一生只要有一首或者一句名言，能夠讓人們口口相傳，津津樂道，永久傳世的就夠了。比如：曹操的「對酒當歌，人生幾何」，讓曹操流芳百世。最怕的是一個人寫了一輩子的詩，一句話都留不下來。但是非常殘酷的事實是，幾萬個寫詩的人，幾乎就有幾萬個沒有給後人留下一句話的！所以追求完美的人，這個人一生的藝術生涯就毀了。

十三、詩句排名的職責。

《霧徑》

霧漫春山叢，蛙鳴幾片爭，

芬芳無限處，溪水鳥回聲。

看這首詩各句的排名和用處，也就是說各個崗位的責任制度。

按序列：1老大說件事；2出事了；3意外發生了；4出了個更大的事。一句是交待時間地點，二句發生的故事，三句是反轉，四句總概論或出人預料。

這又比喻走路，剛剛走了兩步，一瘸掉坑裡了，又使挺大的勁上來了。

《雜草》

高姿卓雅迂回落，微花萋萋絢麗奪。

本是一山芳林草，多有素枝不婀娜。

這首詩講的是，好比同是一個村裡的人。第一句說的是，有人特別得優秀。第二句說的是，一般百姓也很極積向上。第三句說的是，嗨！本是同一個村裡的人，第四句說的是，人群中避免不了，總會有幾個很壞的小人物。

所以除了格律之外，最終還是各句子崗位不同，作用也不同。

也可以比做占山為王的土匪：老大穩定全域，老二管事，老三捅個大漏子！總出事！老四經常出來給全部擺平。

十四、詩是一個人的修養和內心世界的流淌

綜上所述：歸根結底還是人的性格，或者品味、修養的提高。

　　什麼樣心態的人寫出什麼樣的詩。什麼水準的人寫出什麼水準的作品。其別無另外！

　　毛澤東的《沁園春・雪》，是站在歷史帝王的角度，充滿了必勝的信念與理想，才寫出了常人無法超越的作品。

《看大江東去》

雲濤千萬裡，怒放群山馳。浩浩大江去，峽流滾滾急。

一代秦王繆，扶蘇淚落頭。忠堂指鹿馬，草破入風樓。

是非成敗後，故里誰英侯。看大江東去，滔滔可斷流？

秋江南北雁，孤釣蘆翁酒。醉去塵埃事，清風更上流。

　　這首詩是對歷史的回顧，並脫離塵世。去看一代帝王的悲喜交加與結局。以及人類面對大自然的無奈，誰也無法抗拒大自然的規律。

　　因此所站角度不同，審視的場面也不一樣，你所講的內容當然不一樣。

　　總之，格局決定你的作品到底有多大氣！

　　詩人可能在年輕的時候會寫出好作品。但是書畫藝術必須到六十歲以上，才能有所成就。而且越老越好！

　　但是詩詞作者到了一定年齡以後，可能是生理上的變化，與男女的情感無關了，理想與激情不夠強烈等等，寫出好詩的機率會很小。

　　總之，年輕人所寫的詩詞，還是年老人所寫的詩詞，一眼就能看出來。所以當看一個人一生所寫的詩，就像看大樹的年輪一樣。已經記錄下了，每個時期的氣候。

　　總之，若想寫出更優秀的詩詞作品，一定要改變自己的性格，提高品味！提高自身的哲學思想與世界觀。熟讀歷史，擺正心態，超脫塵世。成為一個助人為樂，有學問的君子，甚至成為一個仙骨濟世的道人。

十五、歷史記錄詩

在敍事的過程中，參進對事件的看法和歷史意義，發表部分作者的評論和心聲。

當然融入以上的所有手法，才能讓整片豐富多彩。有很多人寫記錄事件的詩，都是把事件記錄下來了，詩就寫成了。這是不可取的。雖然在歷史上是個貢獻。但已經不是藝術範疇了。

牧樂詩心得：

一、最好的詩是描述一張白紙。

千山鳥飛絕　，萬徑人蹤滅。

二、最好的詩是流暢的口語卻意境深遠。

昨夜風雨聲，花落知多少。

三、最好的詩是童言、醉話、夢話。

床前明月光　，疑是地上霜。飛流直下三千尺　，疑是銀河落九天。

四、最好的詩是站在高巔之上之人，高度地概括。

北國風光，千里冰封，萬里雪飄，大河上下頓時滔滔。

五、最好的詩能引起所有人的共鳴，感慨萬千。

對酒當歌人生幾何，譬如朝露，去日苦多。

六、最好的詩是哲理名言。

隨風潛入夜，潤物細無聲。

七、最好的詩是被人逼到走頭無路，處於絕境邊緣時想說的話。

山重水複疑無路，柳暗花明又一村。

| 13 |
《牧樂古漢文集》

一、為大商之道：《佛商賦》

好春遲來暖，野徑獨奇芳。水畔伊人麗，君德萬紫堂。修身為何故，只為生靈常。夜呴偎乳鹿，寒甲護兒防。授人以益果，不做門楹藏。陰陽各有界，塵世做佛商。天地存愚岡，無奈各一方。是非終有論，何問五帝皇。天山無大路，素淨聞天香。雲墨飛白雪，風急看蕭揚。縱橫在天際，博望尋惆往。天綱地絡杳，臥榻設靈堂。

釀造酒就是一滴也不勾兌，《釀家女酒業有限公司》向中國人民承諾。因此寫此文，以之自律。

二、為大官之道：《僕果》

浩宇悠悠，聖賢焉留？昔時君求，曾問上征。峨峨天闕，可有仙徑。嗟乎！君未樂何為忠，庶未樂何為臣，母未樂何為孝，妻未樂何為夫，僕未樂何為主。自未樂何以正心焉。萬事果之矣！其猷不為帝王之術，不為兵家之策，不為經也。其濟後天下者：僕修成果。

故吟詠：閑雲蕩春色，紅樓夢秋蛾。初生口銜日，瀉下一天河。

遙辟百草而神農之，五穀而軒轅之，勤耕九州之瑞頊，火正而重黎。

夫伯符懷柔而開族。夫文景之養息。辟田輕賦稅，安流民而忠右公。須
臾，十裡庶民跪允。斯旛發不得歸田兮，咸果而慕之。猶桀紂之亡朝，司
馬曜之夜飲，阿斗之不思，咸恥之矣。

齋謂生初，戒謂除後。汝自樂正心也。倘博善居政，樂土一方。弱夫
偶政，災巳、災民。惡邪盜位，禍國殃民矣。猶逸客清風，人敬仁德，不
善顧瞻左右；且折其身而不常矣。嗟伶俜不任哉！幽居當去也，惜之也。

茲何道理之？陰陽調和，黜官僕果，乃仕途之。方有萬向俱樂之。果
之也，功臣也。

盛冕樂群，鴻烈周人，當盡之。儻聖命難維當階伏，庶求未達當禮
荼，迢迢相求，當禮至城外也。故曰：萬向各哺，盡之有疇。達人者，達
天下也。約岸借舟，心樂矯枉。樂而吸樂，悲而生悲。心默成，行契合，
事必得。

夫太守元譚公之舊顧，華旌未偃，羽檄不傳。日照熏風，君臨神明，
禮邦萬乘之威。上下同心乃新安邦之領域。挾厥流寇，接納流民，供布衣
晨耕，恤褐袒鼎食。遂繁盛茂然：饒蟬壯穗兮彎彎，營者餘利兮盛盛，儒
士衿衿兮窈窕吟唱，舞者金石絲竹兮娓娓。釋者壇場，藝者縱情，翰苑潑
墨，山翁桑梓，仙棲廊廟，逸客陟步而山饌野撰，聞詩情而舉酒隕星光。
幼童於繈褓，牛羊於篁屯，旛發童顏擁笑于晨曦。丘園散誕，綺羅春蕩，
扶蔬微茫，濟顥明兮水淙淙。嗟暮籠柴戶，炊煙一抹，魚躍寒光，丘墨點
紅，汝暮心悠哉。茲謂濟樂萬方，宰拿異域。故太守坐老天荒焉。

餘曰：何為陰陽之仕途歟？自設靈堂而悲死，自拜其靈，自悟其果。
歿而不懼，亡而強大。或知何人而送、知何事而患、知何物而遺。倒推時

光而當下。善禪堂坐空，懺悔洗靈，祈禱眾生，蕩人鬼神之三界。世原有：念而憾物，意而波及，樂而晰，憤而冥。初發樂善而鴻烈，意真情而佈告天下，激群起而共籌。成於旁得浩天，物予下得曠地。自控其身，自悟其為，外界不擾。乃陰陽之大路也。

倘子無虛有，老而生危，避極長生，待極再生。若要行萬里，天高莫走極。況窮寇莫追矣。

倘懷佛心而執嚴律，謁紫都而傾民願，斷惡首而憫生靈，善矯枉而有餘情。剛者利刀，利而不薄。信而不固，固而不執。守而庚新，粗曠節制。聆聽不表，善聞不態。凜顏而未怒。陟高崛而求細微，斯邂匿瞿視，凌疇邈遠，逢高必蹲，謙遜過人，存初心而前後左右。詭異者辯，超然者預，荒唐而創思。怠者為食，躁者為獵。背曆障而倏然無蹤。萊地蘋艾，溝塍依稀，舊地重遊。森冪疏影，月藏衣袖，望天際而心已秋田兮。

何為誘道乎？

春緒幾紅，俄將蕭冬。人生一志，始而盡終，難而不移；不為其誘，豈被其惑，誘而必惑，惑而必圈，魚犬餌肉焉。斯徒修面如禪，修官如擱，修金如蒿，修食如水，修色如常。不群不黨，仕階同仁。

雖責深任重，兢兢業業，且宛然暮心幽避，形骸似空，蕭骨神智。放浪不顛，蓄宵待旦，茲君不危焉。

習旁者曰：望隱隱才通，聽微微方明。

伏馬降扁經（大無經）曰：滴水大河聲，毫釐一石稱。無兆何來燥，不瘋何來風。無眷心自靜，不絮緒則平。大空十面破，大策胡念經。

何為功高之危乎？

夫載大功而岌岌矣。功而勿享，大功逸隱焉。儻自恃功高階陛不禮，御前箕坐，私勢過君，勢政欲邦。況君臨城下，焉偃蹇於馬上。受財田兮勿封侯兮。受封侯兮快歸田兮。僕焉欲過權之，大功當棄之。君遭迴兮，仕危矣。

常者何道乎？

慣布濩一方，麾指淩雲，久而佞媚成群，滿堂笑誂。仰首微塵晰？塵埃浸體，久而渝涅矣。

斯當宛然舊識，以庶民為公侯，以土石壘玉官，養拙修楹，淄布求經，殿座老圃，身勢相棄，伏首猷塵。斯當：齋秒語連珠，戒盈呼滿堂。不常規之。民哄然兮，臣危兮。

識人者何道乎？

翁曰：不聞其言，當窺其相，當信之。夫徘徊之目，嘴側塗沫，弓腰尖首，有耳不墜，凶澤嘶啞，薄面泛青，賊斜蹣跚，嗟賊鼠焉能龜相之。皆表而求知。

翁曰：猶濁者無相，險者善面之餘。故智人睇其旁，尋其蹤，探其奉，知其欲。

若觀其鳸群之舉，朋黨之貌，類聚常識之。夫亮不知馬稷之殘缺矣。翁曰：人面四季，知人知惑，即：知人知不知之，愛人愛不愛之。鄰者嫉，遠者欽，新者畏。倘暗劫其子相要脅，斯或堅貞不守矣。噫！用人不疑乃一派胡言。可表像之。

故余曰：善惡才庸小，虛實斜正圓。百人必十相，莫做世外庵。

用人何道乎？

人如材木各如灰。梓木不換草木堆。知其本，知其樂，知其瑕而各位之。用人之本，用人之樂，利而當用。用人不餘，且防瑕之。草人借箭或以惡制惡，乃時而借用之。德才皆優當重用之，德才有瑕當補用之。德小才大當利用之，無德不用之。

言行何道乎？

謚佛無語而眾僧徒，廟堂無令而眾信伏。求者默言，聖靈不嘹而已應。其言立面敵，言盛餘枉，言大無敬，言平不崇，言低欲俗，言高不群，言屬結愁，言媚不實，嗟言多弊多，行多阻多。病從口入，禍從口出，出入皆危。斯當匿之。

茲焉曰：月上何問月下明，樓下何需樓上燈。

批則少，贊則多，語不言短，難者寡批之，警言重而不絮，諫言爭而不搏。大樹覆根，門楹少見，後庭止步。盛而不露，欲而不知，行而不跡。朝賞不知，朝党無名。嫉者奈何矣。故隱言、隱行、隱情、隱欲、隱根兮。

何為神之道乎？

封侯爵而招搖過市，賜黃衣而受寵若驚。君施神聖之恩威矣。儻善列二隊而獎之，此舉無不盛然之，均擊精之盛。梁山聚義，替天行道，借義奮而眾起，茲乃借大義之聖矣。帛書魚腹，廟狐夜鳴，號令天下，乃陳涉借神而扮天子之像。茲乃借神之術矣。儻聞玉台而自信，圖仙之，斯洪修之大舉，兢兢業業，效天祀地精靈惚恍，仙無綜而神往。茲乃佛道之所長矣。昔有巫師卜占，咒動北斗，霧靄北溟，煙生紙灰，故弄罔民，借神而行私欲，拜神而被愚之，茲乃偷神之。

故曰：浩蒙歸我征，月闋留餘聲。人在神往處，再暗也光明。

何為情之道乎？

來者禮賓，紅白親臨。縱江湖之義情，以一域為家圓，孝天下人之父母，結四海之兄弟而同甘共苦。斯送君無影而未歸，鴻毛千里送鍾情，淚滿襟而同悲。施人以命，替人之軀，割肉於人，救人於難，贈人於短，助人于樂。歟人不易，誠心誠意，體恤下屬而共識。初心不改而一諾千金。夫玄德潸然，三顧茅廬，桃園結義，七擒孟獲之佳傳矣。

何為傭金之道乎？

秉金者曰：金堂聚傑，糧草屯兵，朱門紅顏，金靴草榻。差遣貴堂，勇夫報捷。若財撒聚眾，眾聚財旺。掌天下者富予庶民，此乃船穩重於倉下。昔「先入咸陽者為王也」，天下可得之。

故三品施金：重賞之而勇夫。二品施情：殉情者棄命而悲夫。三品施神，圖仙者殞歿而樂夫。

何為信之道乎？

餘曰：馭四馬者，可大信于車也。羈斯者，可信與斯，乃大夫也；返之不取焉。用人不羈，羈人不用，乃一派胡言。昔信而未信，羈而未控，遂曹式終，司馬式初焉。主示強而僕漸弱，主示弱而僕漸強，此乃陰陽之道矣。

何為律政、文政、家政之道乎？

律疾不袒，律惡當盡，律成方圓，律呈樂善，律成營富。律行千祀，不可怠之。殺而敬畏，不殺庸主焉，執律政之。

以文輔政，文成功德，文而向善，文而育人，文而齋戒，文而建制，文而清明，文而麗人，藝而儷影。藝而建築，藝而雅之、秒之。不儒庸主焉，執文政兮。

父之訓，母之誨，兄之幫，大愛興邦之，皆為家之常道矣，不愛庸主焉，執家政兮。

嗚呼！顧曆吟曰：雲墨渡蒼穹，江山幾重重。哭嬰不見淚，大漠起枯風。嘶聲尚未盡，亂世無辜新。妄費知多少？江山笑舊人。

吾言閉頓截。仕途之窘迫：猶如域高無攀，裸台眾視，君令摧霹，執令禦塵。小人如麻，嫉敵屆臨。功而誣謀，過而當斬。孝天祈地，或因天命？各誘之惑，各方不平。鴻圖未盡，俄頃喚囚。斯智而自立，立而志之。依天德而陰陽調和之。嗟乎！此乃愚公世外之灼見，屬移棠接果，道列史訓而已。浩宇茫茫，江山依舊，宛然仕嗣者：騏驥千里而未馳騁，壯士滿懷而沮別。盡僕樂逃惡險，餘焉能不褰之。

故餘曰：顥氣何時有，陰陽往來哭。大地有天理，莫為潮汐初。

遂茅蓬兮自樂，高堂兮濟樂。斯枯兮，斯滅兮，斯不糟兮！仕當水逾狹隘而滔滔兮！水落千丈而洪洪兮！嶇嶇宛宛而入海兮。途僕果兮！

故餘夢：午夜醉愚歸，天明我是誰。新愁一場夢，舊惡雞鳴飛。

三、為大美之道：《藝遁》

余遊赤野，漢漫無章，執杖蹣跚。瞿然玄雲斷續，觀其凌雲插峰，巔聯高壁，或露登階，閶闔勃開，玄台貞琬光麗，萬芳苣蕙，彩畫紛披，神女拂衣繽翻而淋漓，餘未所動。隨藏書入閣，與翰翁玄談，斯勒篆典經，翁今聞古，開蓮華表。喜蜀相八陳，冥冥未窮，秉節制而縱放自如。與翁共興已久，遂悠然門通補天。予愚借遁世溢靈，徜徉無限，徒遐思而悟空，若白水之覺，方伉儷舊久。

嗟余曾陟巔吟誦：木蕭蕭兮賞榮華，春蕩漾兮棄落花，大漠乾涸兮維綠科，大河滔滔兮失葉舟，滿目瘡痍兮獨麗花，大雨滂沱兮河中央，大風起兮看秋蛾，壁崔巍兮藐人行，山重水複兮又一村，壯士斷崖兮如是歸，壯士滿懷兮淚潸潸，茫茫不知兮而有知，是是非非兮而感悟，白鶴入雲兮而欲仙，瓜熟兮秧已枯，藝成兮顏已童。

若童顏幾歲，骨髓未成，或魂露體外。無繁而真之，如鷁雀未拘於藩籬。以未知而虛無縹緲，或略知而簡。以一抹而不顧，且翳避而泱溎流真，拙本自然，隨性幻想，任由孤行，恰荒唐之舉，隱隱而仙徑。

世自有天綱地絡，當習之。

古猿始于森，安於野，慣天成而安逸。河遠遠而彎彎，水票票而漣漪，雲斑斑而虹弧，天地諧美于弧曲。或黃金四點：密一、疏二、空一。或對角之斜，三角之成，十字之圖，或層去無窮。天地間黑、白、灰而零色，倘搦日紅、或月黃、或木花而一色，其無限之淨美。其文化秩序、色彩秩序、元素秩序，皆遵：主70、付20、點10之則。更有：虛七、真二、異一之逸樂。亦有：甜七、酸二、苦一之天漿。天地窈窕淑女：秀腰、肥臀、隆胸、修肢、勻肌、潤膚、蛋型之龐、丹鳳之眼，通鼻、小口、三庭五眼之距。無不幽雅曲美之。世有象形、象聲、擬人之美。嗚呼！山斂方，水斂橫，雲斂垂，當危矣。

世只有振幅之美。例之：跡行龍木，筆等墨暈。舞美肌顫，歌喉磁蕩。雅芳陣陣，鳥鳴微婉而曲回。香辣交茹，甘苦有無之間。閃而耀目，詩句平仄，幽徑頻彎，水流起伏。

世自有疊蕩之美。重重而來，波波而去，乃自然餘美。

倘重七、缺二、另一，且筆筆重轍而不同。早有詩行重韻，意而再義，喻而再寓。或歌而迴旋，舞而重蹈，山而重疊，水而漣漪。鳴而回蕩。故原始歌而樂舞，盛唐詩而書畫，無不循之。皆回音而疊蕩，餘而層出不盡。故重而不同，重而波美。斯小而振幅，大而疊蕩，浩而再生。

世自有陰陽之道。其大小方圓，疏密濃淡，繁簡深淺，快慢長短，上下遠近，長短曲直，虛實冷暖，斜中取正，果垂枝旁，近展遠涉，近實遠

虛，近濃遠淡，高昂低吟，倏直婑婉，大悲大喜，大誇簡真，抽象具象，
華貴簡普。儻女尤嫵媚而怒目，老將威武而慈淚。越老廟修青，枯木花
初，野草玉堂，童顏而白首，無序而有序，皆為陰陽調和之道。

　　世自有修童之巔。老果返子，厚得越初，藝高流拙。畫以真為功，書
以正為柱，音以清而圓，舞以開而節，詩以情而律，墨以五色而浸。皆為
後天之修正。乃秉天綱地絡而縱情，當去繁化簡，返童寓，修童初，幽僻
遐思而大墨流荒焉。

　　悅媚娘之戲足，喜嬌女之故弄。樂偉岸之憨，高尚儒謙。贊明玉之異
為霞。賞高歌嘶啞為絕。瓜果而熏蒿，馥芳野苦，倘甜七、酸二、澀一，
遂品甘露酸澀為野，得瓊漿苦辣為上。嗟糖水無餘，美女無嬌，不為上品
矣。咸卓越之僻，高巔之寒。故不功不器之，器當棄之。

　　世自有修仙之道。其丹田功、吐納功、大修功無不襲修靈之舉。靈溢
創想，思遊意蕩。幻像不羈而啟明。故曰：匠墨寫真，大墨去荒，仙墨無
綜矣。倘未聞水中魚，只見湖中泱。若嵐靄幾階，簷角餘露，霧漠漠而含
川，紋不定焉，或山居逸客之修心。此乃畫中之無。

　　或“月明渡林梢，風靜無蟲擾。只聞四足浴，餘下情人曉”。或“萬
徑人蹤滅，千山鳥飛絕”。或“花嬌月下影，落地窈窕輕。午夜雲來濟，
仙姿墨無蹤”。此乃詩中之無。

　　皆是有是無，是是非非，無而自悟，無而寫己，無筆而生輝，無聲而
勝有聲之。宛然聲極而斷音，物拋而欲停，舞極而止，悲極無淚，樂極而
泣。意到而墨未到，其寫意之，嗟深白悟空兮。

　　「漢墨」曰：大風禦蒼龍，雲墨吐彩虹。潮汐幾重過，浩淼去橫空。
淡抹日初東，濃妝化雲風。修真黛墨有，仙姿覓無蹤。餘曰：淡墨止於
固，潑墨化雲風。大墨修無有，仙墨去無蹤。

　　世自有哲之道。小而寓，中而誇，大而哲。

　　高者無峰乃儒仕也，平步入雲乃道修也，其哲之。

其碩果枯藤，誰之母歟？老秋寒蛾，誰之殘歟？雪壓松枝枝更姿，誰之氣歟？其孤窗燭影待人歸息，暮炊嫋嫋生生息，林鳥棲棲飄零息，雞鳴晨曦報喜息。累累碩果風調雨順息。螳螂捕蟬，黃雀在後，其妄費息，且幽默詼諧。皆默抒情懷，小而寓之。猶大誇而大簡：落崖通天，滴水牧樂。亂石蒼松，斜坡垂木。初雪暮蝶，大雪梅紅，冰山雪蓮，古木初花。藤木夤緣，月花浸淚。其淋漓何道？世不哲即為匠夫也，大哲乃大師也。

餘祥逢天府偶開，同仙風道骨之慨歎，余神游傳於世。談崢嶸之高論，露太清，尋仙蹤，跨虹蜺。千里飛雪而窮極南天。杯飲四海，唇合天地。已斗膽驚悚，餘止終論。

餘謁紫都，供天地之大德矣。故吟詠：美人淚別婷，念你紅塵中。夢裡陰陽界，回眸是真容。曇花一現間，已是幾千年。你我約天地，承蒙再人間。

四、為大學之道：《學生適樂賦》

序言：華夏躍新時曆，丁酉萬象俱興。居青雲一方，開博望之院，即師呈國之楷模，學子鳳毛麟角之勢。育國之棟樑而眾生，冪曆九州各業。焉執教所營？眷眷長思，悠悠我情。遂靈山傴僂，依高者無峰。歿而不腐，再來複生，蓄千難而待旦。地老心新，天下文明。故詠之賦矣，以之記載。

庭堂禮樂，水清正色。雨露淋漓，百花紛披。桃李泛青，鵲鳥常棲。青衿云云，讀聲朗朗。師德禮表，業精研教。伯樂相馬，仁愛孝誠。適而生勢，樂而生智，適樂生新，學而成效，克而無奈。（恪守謙恭，鐵流精神。深耕心本，力創新高，以心潤心，以新育新，惟精惟一）。排出萬難，以克而樂。登高峯而直上，望天際而千里。試丹爐以煉精，鍛戈矛至銳鋒。倘勞心于萬像，秉節制為矯枉。扶鯤鵬於彊野，曆汗漫以禾矯。造國之棟樑，孕鳳之雛穴。風集我室，雨撩吾襟。三尺講臺，崛戴雄壯。寒苔濾水，程門立雪。森謀遠慮，天下芬芳。風傳暮色，歲月留痕。馭風撥霧，重新啟航。

嗟呼！天道悠悠，聖賢去留。望隱隱才通，聽微微方明。成仁者成藝兮，可用之，無得者藝悲兮。無知者不上書矣。

盤古開天，洮潲之野。精衛銜木，春色蕩漾。炎黃子孫，龍之傳人。祖智自信，族興立信。誠恩自然，博愛樂土。南箕北斗，靈光閃耀。承芳百卉，諸子百家，各醫界患。勞心畜旦，禮賢知育，精忠報國，志在四方。

伏地而高，俗心而樂。高天厚地，平視同人。在世而善道，望前樂程，是而非哉，乃天下嗣大夫也。塵世上清，大道至簡。倘宣命於階楹：上善而樂蒼生，得道而順民意。執儒而知節制，秉程朱而去邪欲。依法綱而成方圓，以史鑒而避風險。以人適而歸其類，以人樂而識百科，以酷而修體骨。若厚德而邀名利，調陰陽而縱橫天下哉。

況惜芳草兮當如剪。惜小鳥兮授予搏。惜牧兮則予方園。惜格兮則予浩渺。惜平兮則予莽野。惜福兮則予壘磕。惜縱兮則予故里。地老天荒兮；人欲成兮。烏白流清，素聞天香；此乃天道矣！斯已萬壑霞開，桃李滿天下矣！

五、為大冶之道：治國七律《甲午雌雄》

前言：作為中華民族的子孫，無論在任何時候，都要熱愛自己的祖國。總結歷史是為了走好未來。研究宇宙哲學思想是為了探求自然科學；觀世而捷徑，觀宇而健足。古老而偉大的中華民族，正走在偉大復興的開始。從上一個甲午到今日的甲午，中國走過了一個：敗退，集結，前進的過程。我們炎黃子孫永遠也不要忘記腐朽的封建社會，給人民帶來的災難。也不要忘記經過所有中國革命的先驅者們的努力，所完成的集結。也不要忘記經過中國先進的改革派的努力，所進行的前進。此篇文章：探討和研究了，應該怎樣繼承中華傳統與吸收國外經驗，總結出「治國七律」，並以此為主線，闡述了各個歷史時期，在「治國七律」中的體現與忽略。

　　老圃[1]草修，移棠丘陵，于青雲之巔，茅齋數次，幽棲得一。方無寸志，以沐渡餘。偶竿[2]凱撒，與暮霞同歸。故吟詠：天橫落日遠，大地正蒼茫。遠去巢林鳥，夕陽又夕陽。

　　翁[3]忽重霧溟蒙；或俄[4]有隕星，杳[5]不見其遺蹤。卻見倚天之絕壁；夏臨千峰而回轉；冬臨雪皚而入天。故草翁破籃，魚兒不遮。偶草草約約：帝聖毫釐，庶[6]程萬里。知其者惋兮；知所以者歎兮；不知其者樂兮！

　　崇岫迴避[7]，或閭閈[8]不登，若逢桑梓[9]舊來，以俗相食，以木篝火，把酒浩蕩之。效呂公"百家爭鳴"之。

　　座其曰："程門立雪"之輩，何為宇矣？餘曰：宇乃無始無終而陰陽之。萬物生而必分，分而必立，立而不均；不均而此起彼伏，乃萬物增也。外不立而內不一。故之：欲強創立，欲果不均，欲盛交替；欲和力外。儻[9]與拾列隊，其更激之，勝不定焉。父示弱而子欲強焉。我欲歡而敵欲悲焉。冷暖而生風，高低而流水，正負而隕雷，日月而潮汐。其不畏神之，自然之律，可當智也。

　　座其曰：何為世矣？餘曰：世乃生也，茵茵而生[10]，適適而餘。態生一脈，眾生一命。

　　魚習於水、鳥慣於空、谷結於土、人析於態。鹿項長於樹，鶴足長於湖。世間之精靈無不因俗而果、因果而俗。故之：宇化無數而一態，態生無數而一習。無數而淘亡，不屬不今也。故斷其一而亡無數。自然之慣，萬生習一，塔而起今，態、基可研而不堪達之。鳥無樓而人無宿。萬去乃另世矣！急哉！

座其曰：何為未知之。餘預曰：其一，未來或螻蟻做東；人後恐龍之。人少於原始之惡劣，少於驍悍而生存、孕嬰，即自然優勝劣汰。故宣導優者多衍，裔[11]鄰螻蟻去賽跑矣！

其二，物不立三，自去兩列。物呈善惡，撫平所向。儻世呈陰陽兩邦各為其主，立而發展之。無外因而世不統一。

其三，宇去無窮，粒歸無盡。生靈依何態而棲之，斯無數矣，斯物矣。斯未知矣。

座其曰：何為傳統之？餘曰：吾祖”陰陽調和”乃宇宙之法則。其尾者各節枝。儒、道、釋及諸子百家似為各類藥篆[12]，斯著時、著量、著患而用之，不亦樂乎？何故居井而面紅耳赤。此均為中華傳統文化之根本。

座其曰：何為信仰矣？餘曰：祖智自信，族興立信也。[13]

嗟乎！吾等慶倖之，吾祖陰陽調和理論，涵蓋了世界任何哲學思維。是宇宙之運動法則。是萬事萬物都離不開之。更是華夏傳統文化藝術之精髓。其它理論只不過，以此而診脈各個領域之細節罷了。當今世界無不以此為深奧而科學探究及利用。況且五千年文明歷史，諸多哲學巨人，曆布眾星璀璨[14]，是世界任何一個民族所無有之。我民族之大幸，我民族之自信心。實現中華民族之偉大復興，方是最終、最大之信仰。我祖偉大而光輝！

座其曰：何為邦矣？餘曰：邦乃旋律也。

帝智一毫，庶金萬兩。餘琴七弦：強信、強物、強兵、強智、強德、強律、強體罷了。[15]其著時、著量用之。故之：屹巔淩霄，滄海奔湧；馭律而樂，迤邐[16]千里。

曆其一：怠者為食，躁者為獵。[17]蝸牛之足，虎狼將至。猿猴輕梢，藪穴做禪，棄巢嘉遯[18]。咆熊伏蟄[19]，侍目天機，豈躁矣？是靜而非止也，是動而非行也。兵臨城下，何勢以當；詭兵乃戰術之，常備乃戰略之。時論軍之角力：義聚、兵器、物城。卒之角力：神一、情二、物三矣。烏呼！妒妃簪[20]剪，焉敵強寇之長矛。以貢求和，以同求和矣！羹饌[21]溫火，酒釀米糊，時乃食夫矣！

時論各士夫：知者為傑、和者為善、共者為德、禮者為尚、麗者是財、藝者是術、心者是道、鬼者是盜哉。

時論各君侯：取之為軍、聯之為總、制之為統、惑之為神、強之為首，首乃戰略而久之。

曆其二：常者為慣，慣者為患。帝王私舍，諸侯分封，屯兵積倉，疆域割裂。"七國之亂"八國之患"，如殿下設井，門楹自繩。桀紂淫暴，指鹿為馬，樂不思蜀，呂後臨朝，慈禧垂簾。乃時而先生，常道也。"堯舜禪讓" "少康中興"，"文景之治"，"光武中興"，"貞觀之治"估確幾何。權承緦裰[22]、權去旁親、權落宦官，有如井中取材，偶逢幾德之。琬琰[23]幾片，斷言幾行，曆布徼荒，邈遠遺哀而斷續。

曆其三：明君辨擅，蒙君求獻。[24]白日塗[25]星，月下伏塵，隔岸屯兵，回馬鉤刀，疆域萬里，垂涎幾尺，天下為盜分。遠去：趙高、王莽、董卓、安祿山、司馬之賊。近來：和珅、袁世凱之盜。君臣顛沛，世道恍惚。滿目烽煙而旌旆偃伏[26]，夜傳羽檄而雷雨溟溟，碎玉環而淚如珠。

曆其四：德不朝癩，惠不贈懦。[27]仇抵幾石，恩不丈量。怠[28]者為食，躁者為獵。慈禧施毒，光緒乃躁矣！何怨袁賴無德。癩乃天下時常也！何為公德矣？儻和則馭淩霄，諧則策縱橫。狂飆摧朽，疾汩[29]征雄。利則短痛，鈍則長哀。乘風而驚隼[30]敵北，獲萬世公德矣。嗟！公乃大德，公不朝癩矣！顧惜：草齒于根，屬鋒介石。群崢更巔，邈荒更淵。[31]

曆其五：兵書遇敵，商經壯馬。[32]丹霞澄天，煊赫[33]於東，倏[34]然崛起而迅征。遇窮則思變，遇異則一統，逢寇則梟雄[35]，逢殘腐則清其源。以強信而義憤；以無蹤而神兵；以八律而謁民。邈北[36]荒而逾[37]漫曆障，群峰雪耀，堅冰峨峨[38]，千里飛雪而播火種。熟不成而斷骨哉。鼓狂飆而長驅，曆幾萬而雄姿天妖。勵精圖治、嚴以律己，為民立志，官兵和一。

群山巍巍而一向，大海滔滔而一州。巖[39]聯高壁，蔚為壯觀，世來獨有。邦立強信矣。

豐碑立風塵，蒼龍入泱漭[40]。嗟乎！屬兵于征途，富庶於蟠踞。[41]兵書過敵，商經壯馬。況且，勤農開荒，巧工設計，精商行銷。嗟乎！工農商乃根莖葉。野草牧群，荒木成林；漫道馬幫，放粟贏倉，亙古求生矣。

儻秉高德、去高空，或高崗牧羊，肥石瘦草，或金沙播谷，清水育秧，或螞蟻釣象，飲光充食，或數毛求牛，漂粒澄湖。或觀日而登高，望月而與清。汝不同去而誅之，何故矣。多少冤魂野鬼而遊蕩，多少聲嘶力竭而淚飛傾盆。邦須強物矣！

理想哺育，現實育德，德體天地。方域水清，芳姿健康，萬事皆通。儻自幼教誨，德體多繁，麗智多衍[42]。善水形樓，橫濤兵舟。邦需強德矣。天下焉能無私矣？

曆其六：無私則熄，過私則亡。[43]公私而立，此起彼伏，此乃經脈之動力，寓調油、芯而燈暉之理。

一樹之果偏愛有餘，何不眷顧嫗[44]母而愛憐哺嬰，何不鍾情賢妻而思念手足。羨風流倜儻[45]而富麗堂皇，慕春色嬌嬈而秋色風韻。多少真情夙願而百般無奈，因情而欲，因欲而私；做愛結私也。個私愛人、大私愛國、[46]聖私愛世。斯個當：欲戒範局，私齋簋鼎[47]罷了。

烏呼！"王馬"不共天矣！朝野各自，君王上下，信而一致，陰陽調之，而舉國奮發，霞蔚各方，萋萋向萬矣！

曆其七：帝制終身，慣之患之。自古朝野憂患，大為承接而君王交惡。內憂必外患，哺鹿殘喘而賊鷲[48]窺覬[49]。屍橫遍野，孤嬰無助而聲嘶力竭。滿目瘡痍而千年躑躅[50]。千山四季，萬頃良田，褆褐[51]晨埂，老嫗護幼，人間極樂。邦有萬律，何需更朝改天。承律而君，承卉而芳，步後測正，堂外聽音。善斷瑕疵，及時矯枉。律慣萬世，承諧永恆矣！邦須強律矣！

烏呼！邦行樂律。國事乃國律矣，治國即制律，律呈邦德。無律則無序，律上有律，律上更律之。或視局而律調陰陽，或律少富途、律制腐蛀。其德高於律，官德不群而律不及之。民德不眾而民不主矣[52]。邦各其道之。

座其曰：何為族也？餘曰：族為嗣[53]文，族為信仰也。信之族之，族隨信去。吾等以祖智自信，族興立信，族乃傳智矣。

吾邦已建五千載有餘，自炎黃以來，多少鞭撻我上祖，蠶食我疆土，鯨吞我中州，威懾[54]、圍堵、割裂我華夏，幾度潛訓、愚弄我為奴。但中華文化博大而精深。侵者無不被反馴化矣。其文亡而族消焉。未來之世紀，瞰民族之林，文化、科技迅猛發展。我炎黃子孫必須秉傳統而研新科。缺一不可，急哉！邦須強信、強智矣。

今逢甲午，鯤鵬[55]於泱滽[56]之野，沉龍騰趄[57]於閶闔[58]之巔。結束我中華幾千載殘喘與斷續。共仇敵愾[59]。風雷成像，雨露壯穗。或帝國巍巍，或共和富強，時去自然矣！庶願所求：豐衣足食，民族復興矣！

草夫所求：待春蔥蘢[60]去，秋實滿地歸罷了。

故吟詠：攸攸小溪寂寞來，兩岸青青自成排。流水倒雲看天下，人家住愛萬重埋。

座其曰：君子行藏之心，唯天地之大德矣。餘曰：草夫鄙陋[61]，老而彌篤[62]，慣於遐邇[63]，長自愚惑，善陰陽，彼此相傾罷了。蒼海一粟[64]，不可斷言之，請終餘論矣。

注解：

1　圃：ㄆㄨˇ / pǔ ——圃本義：種植果木瓜花圃菜的園地。老圃：老農。

2　竿：ㄍㄢ / gān ——竹子的主幹，這裡指：釣魚。

3　翕：ㄒㄧˋ / xī ——和好；一致 。

4　俄：ㄜˊ／é——短時間、突然間。

5　杳：一ㄠˇ／yǎo——本義：昏暗。這裡指：沒有的意思。

6　庶：ㄕㄨˋ／shù——眾多 或百姓。

7　迴避：ㄏㄨㄟˊ ㄅㄧˋ／huí bì——偏僻的意思。

8　閭閈：ㄌㄩˊ ㄏㄢˋ／lú hàn——巷子裡的門。

9　桑梓：ㄙㄤ ㄗˇ／sāng zǐ——家鄉、故鄉、鄉下。

10　「茵茵而生，適適而餘」——大自然孕育了無數生物、植物。只有少
　　量的適應自然條件的才會生存下來，無數不適應的也就自然淘汰了。
　　"茵茵"：無數的意思。茵茵：一ㄣ 一ㄣ／yīn yīn。

11　裔：一ˋ／yì後子孫。

12　篆：ㄓㄨㄢˋ／zhuàn——字從竹，從彖ㄊㄨㄢˋ（tuàn），彖亦
　　聲。"彖"為"緣"省。"緣"意為"邊飾"、"裝飾"。"竹"為
　　"筆"省。在此譜方的意思。

13　「祖智自信，族興立信」——我們的祖先，給我們留下來很多文化和智
　　慧。在歷史同時期，是世界上最先進的，無論我們現在研究它，結果
　　對與錯，我們都應該，為中華民族有這樣的偉大的祖先而感到自豪和
　　自信。中華民族的偉大復興，是我們每一個人的夢想。

14　璀璨：ㄘㄨㄟˇ ㄘㄢˋ／cuǐ càn——耀眼。

15　「強信、強物、強兵、強律、強智、強德、強體」——一個國家的人
　　民一定要有自己的信仰；要有強大的物資基礎；要有強大的軍隊；要
　　所有事情，都作出規定，依據規定辦事，即以律治國；國家要科技領
　　先、人民要多學習文化，要有智慧；人民要有仁德之心；要保護好環
　　境、食品、衛生的安全，人們才能有健康的體質。根據不同時期而輕
　　重緩急。此七項為治理國家缺一不可。如能掌握和歸納之，方能從繁
　　雜而簡出。

16　迤邐：一ˇ ㄌㄧˇ／yǐ lǐ——曲折連綿。

17 「怠者為食，躁者為獵」——一個人、一個企業或一個國家，如果懈怠或停止不前，就會變成別人的食品，被人吃掉。如果過於躁動，不等待時機，就會變成別人獵殺的對象，成為獵物。

18 嘉遯：ㄐㄧㄚ ㄉㄨㄣˋ / jiā dùn ——亦作"嘉遁"。舊時謂合乎正道的退隱，合乎時宜的隱遁。

19 蟄：ㄓˊ / zhé ——本義：動物冬眠，藏起來不食不動。

20 簪：ㄗㄢ / zān ——形聲。從竹，贊（ㄗㄢˇ / zǎn）聲。古文字形，象針形頭飾形。本義：簪子。古人用來插定髮髻或連冠於髮的一種長針，用來綰住頭髮的一種首飾，古代亦用以把帽子別在頭髮。

21 羹饌：ㄍㄥ ㄓㄨㄢˋ / gēngzhuàn ——會意。從羔，從美。古人的主要肉食是羊肉，所以用"羔""美"會意，表示肉的味道鮮美。用肉或菜調和五味做成的帶汁的食物。《說文》：「五味和羹。」按：上古的"羹"，一般是指帶汁的肉，而不是湯。"羹"表示湯的意思，是中古以後的事情。

22 繦褓：ㄑㄧㄤˇ ㄅㄠˇ / qiǎng bǎo ——亦寫作"繦緥"、"襁保"、"繈緥"、"繦葆"，葆，通"褓"。背負嬰兒用的寬頻和包裹嬰兒的被子。

23 琬瑉：ㄨㄢˇ ㄇㄧㄣˊ / wǎnmín ——字從玉從宛，宛亦聲。"宛"意為"下凹的"、"凹形"。"玉"和"宛"聯合起來表示「一種頭部為凹形的玉器」。本義：頭部下凹的玉器，本義：似玉的美石。

24 「明君辨擅，蒙君求獻」——聰明的人在辨別一個人的好壞時，看他對周圍的人怎樣，總結他習慣做什麼事，而不是看他對自己如何。

25 塗：ㄊㄨˊ / tú ——掩埋。

26 偃伏：ㄧㄢˇ ㄈㄨˊ / yǎn fú ——躺臥；伏臥。

27 「德不朝癲，惠不贈懦」——不要對誣賴的人講仁德，不要對愚昧的人講恩惠。否則，都是徒勞的。

28 怠：ㄉㄞˋ / dài ——(1)懶散；鬆懈：怠惰|懈怠|消極怠工。(2)輕慢；不恭敬：怠慢。

29 疾汩：ㄐㄧˊ ㄍㄨˇ / jígǔ ——迅速猛烈。疾速|迅疾|手疾眼快。汩是象聲詞，意思是水流的樣子。

30 鷙隼：ㄓˋ ㄓㄨㄣˇ / zhì sǔn ——兇猛：～強（勇猛）。～悍。～勇而無敵。鳥類的一科，翅膀窄而尖，上嘴呈鉤曲狀，背青黑色，尾尖白色，腹部黃色。飼養馴熟後，可以幫助打獵。亦稱「鶻」。

31 「草齒于根，屬鋒介石」——草葉有多少個齒，是否鋒利，那是因為草的品種而決定的，刀刃是否鋒利，要靠後來的磨刀石，不斷加工而產生的結果。

「群崢更巔，邈荒更淵」——在眾多梟雄爭奪中，眾人都很勇猛或聰明，那你就應該比所有人都驍勇有計謀，才能成為群雄首領。"邈荒"：胸懷寬廣。"更淵"：更比別人寬廣而淵博。邈：ㄇㄧㄠˇ / miǎo遙遠：～遠。～～

32 「兵書過敵，商經壯馬」——懂得兵書的人有助於軍隊打勝仗，懂得經商的人有助於軍隊儲備。

33 煊赫：ㄒㄩㄢ ㄏㄜˋ / xuān hè ——形容名聲大、聲勢盛。

34 倏：ㄕㄨˋ / shū ——極快地。

35 梟雄：ㄒㄧㄠ ㄒㄩㄥˊ / xiāo xióng ——驍悍雄傑之人,猶言雄長,魁首,多指強橫而有野心之人爭為梟雄。

36 邈：ㄇㄧㄠˇ / miǎo ——遙遠：～遠。～～。

37 逾：ㄩˊ / yú ——越過，超過：～期。～常（超過尋常）。～分（ㄈㄣˋ / fèn）（過分）。～越。～（超過尋常）。

38 峨：ㄜˊ / é ——高：～～。～冠博帶。巍～。嵯～。

39 嶷：ㄧˊ / yí ——九～。山名，在湖南省。相傳是舜安葬的地方；又指九嶷山之神，如："～～繽兮並迎。"。亦作"九疑"。

40 泱漭：一ㄤ ㄇㄤ ˇ / yāng mǎng ——亦作 " 泱莽 " 。廣大貌。

41 「厲兵于征途，富庶於蟠踞」——取得江山要靠一支驍勇善戰的軍隊，和平時期強壯軍隊，要靠富民發展經濟。　蟠踞：ㄆㄢ ˊ ㄐㄩ ˋ / pán jù ——盤踞，佔據。養息。

42 衍：一ㄢ ˇ / yǎn ——延長，開展，衍生。

43 「無私則熄，過私則亡」——一個人不可能一點私心都沒有，如果人們真的無「私有」了，那是不利於人類社會的發展。如果，一個人私心太重，就不會成長，一個國家"私有"太多，也不利於國家的經濟發展。私有即不能沒有，也不能太多。有一定的比例是最好的。

44 嫗：ㄩ ˋ / yù ——年老的女人：老～。翁～。

45 倜儻：ㄊ一 ˋ ㄉㄤ ˇ / tì tǎng ——灑脫；不拘束

46 「個私愛人、大私愛國、聖私愛世」——人類無論做什麼事情，只要觀愛專注，就是一個人的私心。有愛就會有私心。只不過個愛要以大愛為重。

「做愛結私」——有愛心就會有私心。

47 「欲戒範局，私齋簋鼎」——個人的私心要收斂在一定的小的範圍。簋鼎：ㄍㄨㄟ ˇ / guǐ古代器皿。

48 鷲：ㄐ一ㄡ ˋ / jiù ——一種猛禽，毛色深褐，體大雄壯，嘴呈鉤狀，視力很強，腿部有羽毛，捕食野兔，小羊等。亦稱"雕"。

49 窺覬：ㄎㄨㄟ ㄐ一 ˋ / kuī jì ——猶覬覦。謂非分的希望或企圖。

50 躑躅：ㄓ ˊ ㄓㄨ ˊ / zhí zhú ——徘徊不前。

51 裋褐：ㄕㄨ ˋ ㄏㄜ ˋ / shù hè ——裋褐是漢服的一種款式，是對古代窮苦人穿的一種衣服的稱呼，又稱"豎褐"、"裋打"。以勞作方便為目的，是中國幾千年來農民百姓最常穿著的衣服款式之一。這裡指百姓的意思。

52 「官德不群而律不及之，民德不眾而民不主矣」——當官的如果沒有仁德，國家的法律就會執行的不徹底。如果民眾素質不能普遍提高，國家就無法走向民主制。

53 嗣：ㄙˋ / sì ——接續，繼承。

54 威懾：ㄨㄟ ㄕㄜˋ / wēi shè ——用武力、威勢使恐懼官方會議贊同核威懾概念

55 鯤鵬：ㄎㄨㄣ ㄆㄥˊ / kūn péng ——古代傳說中的大鵬鳥。即鯤魚變化成的鵬鳥

56 泱漭：ㄧㄤ ㄇㄤˇ / yāng mǎng ——廣大；浩瀚：泱漭野色連丘墟|萬山磅礴水泱漭|（此處引申為彌漫）飛烽戢煜而泱漭。

57 騰趠：ㄊㄥˊ ㄔㄠˋ / téng chào ——見“騰踔”。向上躍起的意思。

58 閶闔：ㄔㄤ ㄏㄜˊ / chāng hé ——典故名，典出《楚辭・離騷》。原指傳說中的天門，後義項頗多。泛指宮門或京都城門，借指京城、宮殿、朝廷等。亦指西風。

59 敵愾：ㄉㄧˊ ㄎㄞˋ / dí kài ——同仇敵愾。

60 蔥蘢：ㄘㄨㄥ ㄌㄨㄥˊ / cōng lóng ——草木青翠而茂盛。

61 鄙陋：ㄅㄧˇ ㄌㄡˋ / bǐ lòu ——見識淺薄。

62 彌篤：ㄇㄧˊ ㄉㄨˇ / mí dǔ ——彌，更加；篤，原義有忠實、厚道、堅定、重等眾多含義，可以引申為深厚、更加等視語境而異。出處1、王引之《經義述聞》：「其德不猶’，言久而彌篤，無有已時也。」一說假借為「訧」，缺點、毛病。

63 遐陬：ㄒㄧㄚˊ ㄗㄡ / xiá zōu ——邊遠一隅。

64 粟：ㄙㄨˋ / sù ——俗稱小米（學名：Setaria italica），中國古稱“稷”。脫殼製成的糧食。

甲午雌雄譯文：

我已天命之年歲，樂於種田，更喜歡在丘陵之上種植果樹。在青雲山

之上，住在簡樸的茅草房子，幽靜自在。沒有什麼理想，只是沉浸在美麗的自然風光裡，度過晚年罷了。有時也去西面的水塘裡釣魚，當晚霞通紅映照大地的時候，我也就踏上了歸途；每當此時，就會被美麗和即將消失的自然風光所感動！故吟詠：天橫落日遠，大地正蒼茫。遠去巢林鳥，夕陽又夕陽。

有時雲霧籠罩整個山巒，什麼都看不見了；有時夜晚漫天星光閃耀，時而流星劃過消失在茫茫的夜空裡，白日裡更不見了蹤跡，只見石崖絕壁高崇。夏天，遠處群峰延綿不斷，非常壯觀。冬天，全部成了皚皚白雪，一直延伸到天邊。一個普普通通的草民，釣到魚時就會在人們面前展示。偶爾也知道一些簡單道理：自古帝王的聖明，影響著千百萬庶民的幸福。知道歷史的人很惋惜，知道原因的人更加歎息，什麼都不知道的人反到沒有煩惱啊！很快樂地一樣生活自在！

我住的地方，由於深山的阻隔，特別偏僻、險峻；有些老鄉來到這裡，我就以地方民俗相待，燃起柴火，喝起酒來，喝到盡興時，大家都不受拘束，效仿古人呂公談起天下事來。

有人問我："程門立雪"之輩，什麼是宇宙的實質呢？我回答：宇宙從來就沒有開始，也不會終結，只不過宇宙在不斷地變化。宇宙由陰陽物質組成；萬事萬物從生成起，就會分成兩部分，而且是對立的，不平均的，兩者此起彼伏推動事物的發展。若兩者化為同性一體，必須由外部形成對立者。所以，要想事物發展，可以有意在外創造對立面，並且不斷強弱交替，才能促成發展。（比如：把黑白兩種油漆調成灰色，不是白多黑少，就是黑多白少，反覆混合時，灰色油漆的量增加了。再比如：爬樹左右手交替向上，而產生向上運動）。若要一個團隊內部減少矛盾，可以在外部有意樹立一個對立面。假如，兩個隊比賽，一個隊9人，一個隊10人，因兩隊產生的力量不均，反到更激烈，容易產生結果。說不定哪個隊伍輸贏。再比如：父親和兒子之間，當父親在兒子面前示弱時（再成功的父親都可以說：父親這輩子也就這樣了，其再發展只有靠你）兒子就會堅強起來。父親在兒子面前表現的無所不能時，兒子就會變得有依賴性了。當一個勝利者慶祝的同時，敵對方就會悲哀呀，就要防備對手的反擊。再比如：在自然界裡，由於冷暖空氣才會生成風。由於高低之差，水才能流動。有的雲帶正電，有的雲帶負電，才生成了雷鳴，由於日月的交替，才產生了大海的潮汐等等。自然界和我們生活中任何事物，都可以用陰陽調和理論來解通。這些都是自然規律，不是神靈（有人故弄玄虛，搞迷信活動）。我們可以利用此規律，當做智慧，去瞭解和探索未知世界。

在坐的有人又問：什麼是我們的世界呢？我說：從地球開始產生一定的條件起，就不斷的生成無數的各種生、植物，無法統計有多少。無數的、不適合地球環境的也就不能傳宗接代，都自動消失了，只有少量適合地球環境成長的，才得到了延續。所以，許許多多都是因為共同的自然條件下而產生的動、植物，所以，它們共同依賴同一個生態環境。

比如：魚兒習慣在水裡生長；鳥習慣在空中飛翔；五穀依賴於土質才能生長。人更是依賴於地球產生的自然生態環境。再比如：因鹿的脖子長，能吃到樹葉才生存了下來。鶴的腿長，在淺水灘能捉到小魚，才生存了下來。因此：宇宙讓地球成為一方生態，此生態又衍生無數生、植物。今天我們看到的生、植物，都是同屬於一個類型的生命體系，相互依賴、相互依存，像一個連結環。所以，當斷掉一個生態連結，整體就會失去平衡而毀滅了。生態所形成一個塔基，我們人類就好像在一個生態的塔尖上，當塔基毀滅時，人必然滅亡。所以基因可以研究，但不可匆忙利用，當鳥沒有生存空間的時候，這個世界也就不存在了！此事非常需要人類儘早高度警覺！

坐間有人又問：什麼是我們人類最不知道的。我說：

其一，我們的地球或許未來被螞蟻統治了。人就像步恐入龍的後塵。因為人類不是像從前那樣在惡劣的環境中生存、傳種。所以後代體質很

弱。假如，能宣導或鼓勵體質和頭腦發達的人，多生後代，或許我們的後代要與螞蟻賽跑了！

其二，因為萬事不會有長期三方對立的事，終究會形成兩派。（當我們在看一個故事片時，或看一個比賽時，不一會，就自動站到某一方去）而且一般會站到弱者一方，這是天性，即：陰陽調和理論。所以未來的地球之上，或許會形成兩大幫派，其更有利於人類社會的發展。除非有地球以外的力量，才能迫使地球上的人類統一吧。

其三，誰能告訴我們宇宙的盡頭在那裡。任何宇宙盡頭之說，宇宙開始和結束之說，都是狹隘的（宇宙就以人腦思維的速度也不會走到盡頭）。 又誰能告訴我們，微粒小到什麼時候才算最小（就是以人腦思維的速度也不會結束微粒的再細化）。那麼空氣中，到底有多麼小的粒子存在，誰又知道呢？它構成了什麼樣的生命體而存在呢？我們用肉眼和未來科學，是永遠無法全部瞭解的。我們可以猜測，我們身邊會有無數的、透明的生命體系吧。它是不會依賴我們的意識而是否存在的，它是物質世界的一部分。我們人類永遠也研究不到盡頭哇！

坐間有人問：什麼是我們民族的傳統呢？我回答：陰陽調合理論是我們的民族最根本的文化根基；也是宇宙世界的基本法則。其它所有世界哲學理論都是它的枝杈罷了。我們中華傳統的儒、道、釋及諸子百家，均可以當藥方來比喻和使用，什麼時間用，用在什麼患處，用多少量而已。不必爭論誰高誰低，誰對誰錯。何必在歷史上爭論不休而"面紅而赤"呢？都是我們中華民族祖輩賦予我們的財富。

坐間有人又問：什麼是我們的信仰呢？我回答：「祖智自信，族興立信」。其一，我們的祖輩，有眾多的偉人，他們的文化與才智（世界最早的文明、最早的哲學思想），讓今天的我們感到自豪和自信。其二，實現中華民族的偉大復興而立信。

我們應該慶倖的是：我們的祖先早于任何一個民族，發現的陰陽調和理論，它涵蓋了當今和未來任何一個哲學理論；同時也是宇宙運動的法則。當今世界都在研究它、利用它做科學研究。世界任何一個民族無法與之相比。是我們民族的大幸呀！我們還有什麼理由不自信呢？實現中華民族的偉大復興，是我們無比的信仰，我們的祖先偉大而光輝。

坐間有人又問：什麼是國家的大事呢？我回答：就像奏響一首完整的旋律，譬如：我有七條弦的琴，即：強信、強物、強兵、強智、強德、強律、強體。

其隨時節的變化，撥動七弦的長短、強弱而樂起。治理國家就像一個偉人，屹立在群峰高巔之上，駕馭著滄桑風雲，捧響其七旋之器，讓茫茫的奔騰之流，一瀉千里。

歷史其一，"怠著為食、躁著為獵"：一個人、一個企業或一個國家，如果懈怠或停止不前，就會變成別人的食物，被人吃掉。如果過於躁動，不等待時機，就會變成別人獵殺的對象，成為獵物。像蝸牛行進的速度，虎狼來了怎麼辦。猴子在樹梢上飛逃，有的動物在洞裡無憂無慮，有的棄巢逃走了。兇猛的熊也有冬眠的時候。動物都等待時機，人怎麼能急躁呢。靜心等待時機，不能叫做停止不前；行動時，不一定就有表面的動作呀。

然而，當兵臨城下，緊急時刻，最應該做怎麼呢？

有的人，使用詭計是戰術；而有的人早前做好了充分的準備才叫戰略。此時當然是調動軍隊的力量。其最大的力量：調動士兵的義憤，給予士兵所用的兵器，城裡糧草的儲備。什麼是士兵的力量呢？一等的「軍官」用精神調動士兵，二等的「軍官」用情感動士兵，三等的「軍官」用物質刺激士兵。唉！宮廷裡的妃子們，哪裡會有這些能力呀！還不是用她們手中的髮簪和剪刀來抵擋；可是，怎能敵過強寇的長矛呢？只能用貢品求和，或歸順敵人罷了。此時廚師做的菜再好吃，也只能是一個優秀的廚子罷了。兵臨城下，此時我們再論各界人士。知識豐富的也只是一個傑出的人才；溫和的人，是個大善人，無私的人是個有德性的人；講道理的人是個高尚的人；貌美的「女子」，那是財產罷了；也不能當兵器來用呀。藝人講的是術；玩魔術的人，只不過是小聰明罷了；常用詭計的人仍然是盜賊罷了。

　　此時論歷史中的各君王：能夠打勝仗，取得了江山者，稱軍首。能夠團結各幫派的，稱統首。著力用心治理的，為統首。迷惑百姓的，被稱作神。只有讓國強民富的才叫真正的首領。國家強大才是戰備的需要，長久的需要，百姓的需要哇！

　　歷史其二，封建社會的沿襲傳位，帝王將財產自主下分，封侯各霸一方，並各自享有軍隊和糧草，造成了各自獨立。如：七國之亂、八國之患，如殿下設井，門楹自繩。即：給自己設下了陷阱。桀紂淫暴，指鹿為馬，樂不思蜀，呂后臨朝，慈禧垂簾。乃時而先生，即：是歷史上時常發生的事，平常事一樣。

　　"堯舜禪讓""少康中興"，"文景之治"，"光武中興"，"貞觀之治」估確幾何。即：好的時候不多！權利傳給了懷中的嬰兒，權力落在旁親手裡，權力落在皇帝身邊太監手裡。有如像在井裡的範圍，所挑選的材料，偶爾會有幾個有德才兼備的人呢？還要管理一個國家，結果造成了國家的動亂。縱看歷史，有的時代曾輝煌一時，然而，今天只能看到碎玉幾片，殘存的文化了。歷史很多時期，到處都是荒廢的邊境呀。歷史上的戰爭，給百姓帶來多少苦難，可惜，多少個興盛的時代，發生了斷橋。

　　歷史其三：明君辨擅，蒙君求獻。即：聰明的人在辨別一個人的好壞時，要看他對周圍的人是怎樣的態度，總結他習慣做什麼事。而不是看他對自己如何。

　　揣摩一個人的好壞很難，就像白天看不到星星，月光下看不見灰塵一樣。有的人離開了你，過了河，在對岸，就發展自己的勢力，屯兵尋機謀反，回頭就反目成敵。因為美好的江山，太誘人了，都想化為己有。所以，天下永遠都會有盜賊的，是正常的事。如：遠去：趙高、王莽、董卓、安祿山、司馬之賊。近來：和珅、袁世凱之盜。造成君臣逃離它鄉，世道混亂，到處都是戰爭的廢墟。在風雨交加的夜裡，皇帝李隆基不斷接到檄文，造反的士兵強迫皇帝殺掉自己心愛的楊貴妃（玉環），皇帝李隆基悲痛欲絕，淚流滿面。

歷史其四：德不朝賴，惠不贈儒。即：不要面對無賴的人講仁德，不要面對愚昧的人講恩惠。否則，都是徒勞的。同別人的仇恨可以以牙還牙抵消掉；然而，別人給你的恩惠是永遠不能還清的。光緒沒有隱住性質；即：燥者為獵。光緒失敗了，最後被毒死了，能怨恨誰呢？不能埋怨袁士凱是個無賴，因為天下無賴的人有的是。那就看你能否識別和把握了。什麼是公德呢？同袁世凱這樣的無賴怎麼能講公德呢？只能用武力消滅他，推翻封建社會的革命時期，只能靠鬥爭，才能取得勝利。即：儻和則馭淩霄，諧則策縱橫。狂飆摧朽，疾汨征雄。利則短痛，鈍則長哀。乘風而鷙隼敵北，獲萬世公德矣。嗟！公乃大德，公不朝賴矣！顧惜：草齒于根，厲鋒介石。即：草葉有多少個齒，是否鋒利，那是因為草的品種而決定的，刀刃是否鋒利，要靠後來的磨刀石，不斷加工而產生的結果。"群崢更巔，邈荒更淵"。即：在眾多梟雄爭奪中，眾人都很勇猛或聰明，那你就應該比所有人都驍勇有計謀，才能成為群雄之梟。

歷史其五：兵書遏敵，商經壯馬。即：懂得兵書的人有助於軍隊打勝仗，懂得經商的人有助於軍隊儲備。

今天，我們只談近代中國革命成功的經驗。即：丹霞澄天，煊赫於東，倏然崛起而迅征。遇窮則思變，遇異則一統，逢寇則梟雄，逢殘腐則清其源。以強信而義憤；以無蹤而神兵；以八律而謁民。邈北荒而逾漫曆障，群峰雪耀，堅冰峨峨，千里飛雪而播火種。熟不成而斷骨哉。鼓狂飆而長驅，曆幾萬而雄姿夭妖。勵精圖治、嚴以律己，為民立志，官兵和一。群山巍巍而一向，大海滔滔而一州。嶷聯高壁，蔚為壯觀，世來獨有。邦立強信矣。

中國革命的勝利，最主要是受盡封建社會壓迫的人民，有著要翻身解放的強大願望，即：信念，所以信念是一個國家最重要的。可以沒有了一切，但不能沒有了信念。

革命的勝利，是用鮮血換來的，是靠武裝鬥爭取得了勝利，建設國家要靠發展經濟。屬兵于征途，富庶子蟠踞。即：取得江山要靠一支驍勇善戰的軍隊，和平時期，要靠富民政策，發展經濟來源，來維護和壯大軍隊。

從中國走過的歷史看，盛世階段，都是讓百姓富強，國家才強盛起來，不但要農民、工人求富自由，商業流通也應自由，這是基本的經濟活動，就像一顆植物的根、莖、葉一樣。"野草牧群，荒木成林；漫道馬幫，放粟贏倉"，即：任野草生長，才能放牧，任樹生長，才能成材，有路漫漫的商道，才產生了馬幫。任由開荒種田，國庫才有糧食。自由求富，是自古以來百姓求生的本能。所以一個國家需要有一個強大的物質基礎。

理想哺德，現實育仁。德仁上下，方域水清。芳姿健康，萬事皆通。即：理想教育和現實的素質教育，要同時進行。（理想：遠大的世界觀，素質：生活行為的道德底線）。才能盡可能的根除腐敗，所有國事得到順利進行。綜上所訴，打倒封建社會要靠鬥爭，建設國家要靠富民政策以及強德的教育

歷史其六：無私則熄，過私則亡。即：人不可能一點私心都沒有，如果人們真的無"私有"了，那是不利於人類社會的發展。如果，一個人私心太重，就不會成長，一個國家"私有"太多，也不利於國家的經濟發展。私有即不能沒有，也不能太多，有一定的比例是最好的，就像調節油

燈芯子之理。在一個國家中要私有和公有的配置，也是陰陽調合理論的體現，更有利於經濟的發展。

　　誰能告訴我，誰能沒有一點私心。誰不牽掛自己的老母，誰不愛憐懷裡哺乳的嬰兒，誰不鍾情於自己的賢妻，掛念自己的兄弟姐妹。誰不羨慕富麗堂皇的宮殿，這個世界有愛就會有牽掛，有情就會有偏心。只不過：個私當欲戒範局，私齋簋鼎罷了！偉大的人把私心給了祖國，給了他愛戴的人民，個私是愛一個人，大私是愛一個國家！

　　歷史其七：封建社會的君主制，給人民帶來多少痛苦和災難。自古以來朝野的憂患，大部分是因為君王之間，爭奪權力而發動戰爭。國家內部不和，必然又引來外部的侵略。屍橫遍野，無助的嬰兒哭喊著，到處都是戰爭的廢墟。國家得不到延續的發展。美麗的大好河山和肥沃的土地，有著勤勞的百姓在耕種。老人看護著孫子，是人間的天倫之樂。對於百姓，不需要更朝換代，只要幸福就行。歷史上如果能按照律法而更替君王，不但免去了戰亂，還能及時糾正錯誤。因為旁觀者清，假如中國一千年前，就有先進的律法，現在的中國是多麼的強大呀！好的法律就像一首好的樂曲，治理國家之事，就是制定律法之事。制定出好的法律，代表著其國家的先進性。萬事沒有了規矩，也就沒有了秩序。法律之上，還要有更嚴格的制約法律，層層疊加。制定法律也是隨著國家的戰略而改變，也要融入陰陽調和哲學理論。比如：致富的路上，儘量少一些律法，有一個寬鬆的環境，減少障礙有利於快速發展。對於減少腐敗的事，只有不斷健全各種法律，並且嚴格執行。然而，德育比律法還重要。"官德不群而律不及之，民德不眾而民不主矣"，即：當官的如果沒有仁德，國家的法律就會執行的不徹底。如果民眾素質不能普遍提高，國家就無法走向民主制。根據本國的情況，每個國家都有自己不同的律法特性。　因此，一個國家一定要健全的法律。

　　坐位裡有人又問：什麼是一個民族呢？我回答：一個民族就是傳承本民族文化特性，有著自己民族的信仰。我們中華民族，有著悠久的文化歷史而讓我們感到自豪，實現中華民族偉大復興是我們的信念，並把祖先的文化繼續傳承下去。從人類世界角度看，我們的國家已經建國五千多年了。自炎黃以來，多少鞭撻我上祖，蠶食我疆土，鯨吞我中州，威懾、圍堵、割裂我華夏，幾度潛訓、愚弄我為奴。但中華文化博大而精深，侵者無不被反馴化矣。其文亡而族消焉。未來之世紀，瞰民族之林，文化、科技迅猛發展。我炎黃子孫必須秉傳統而研新科。缺一不可，急哉！邦須強信、強智矣。今逢甲午，鯤鵬於泱漭之野，沉龍騰趨於閶闔之巔。結束我中華幾千載殘喘與斷續。共仇敵愾。風雷成像，雨露壯穗。或帝國巍巍，或共和富強，時去自然矣！百姓所求：豐衣足食，民族復興矣！

　　草夫所求：待春蔥蘢去，秋實滿地歸罷了。

　　故吟詠：攸攸小溪寂寞來，兩岸青青自成排。流水倒雲看天下，人家住愛萬重埋。

　　座席間有人說：君子行藏之心，唯天地之大德矣。我說：草夫鄙陋，老而彌篤，慣於遐陬，長自愚惑，善陰陽，彼此相傾罷了。滄海一粟，不可斷言之，請終餘論矣。

青雲山記　助韓公客棲青雲山

　　仁義者，賢達豁世[1]，常臨藩籬[2]所圍。醒世明言，常被瘝[3]病所歸。誰能離世，哪裡逃空；游離其間，誰是不願，無奈可求；狹見也維。

　　協四方、匯萬向，留俗半世。紅顏白首，瀟骨疲憊；彌篤[4]離情。忽逢逸客，幽谷藏真。遂興而同樂。月闕[5]酤[6]酒，星隕滄杯。裁雲伏紙，舞風降墨。縱情於絕壑[7]，迎宵詩曙，詩壇匯詠，倜儻[8]千秋。坐三清之玉宮，驅朝暾[9]於峽底，棄朗月于穀口。重林合逕，森沉底澗。風裹[10]陛廊[11]，天路橫雲。霞棲[12]而丹微[13]，魚躍而寒光。初霜而生微花，晚秋而送暮蝶，疊嶂泛青，荒穀點紅。薺草[14] 泅地[15]，蘭芳當門。冰川騰踔[16]，雪岸隔天。

陟步[17] 青巔，人間腳人：望隱隱才通，聽溦溦方明[18]。歎世間之窘束[19]，喜方外之浩渺。況此喻：高者無峰乃儒仕矣；平步入雲乃道修矣[20]。儒道潛流，乃天地縫合矣。故題曰：登高何須萬里行，寒墨縱橫徹悟中。凌霞泛月玄逸客，儒子兼修道家功。

注解：

1　豁世：ㄏㄨㄛˋ ㄕˋ / huō shì　豁——空缺；露出缺口。豁達一世。

2　藩籬：ㄈㄢˊ ㄌㄧˊ / fān lí——用竹木編成的籬笆或柵欄。

3　癔：ㄧˋ / yì——心意病也。

4　彌篤：ㄇㄧˊ ㄉㄨˇ / mí dǔ——　彌，更加；篤，原義有忠實、厚道、堅定、重等眾多含義，可以引申為深厚、更加等視語境而異。

5　月闕：ㄩㄝˋ ㄑㄩㄝ / yuè quē——　月宮。

6　酤：ㄍㄨ / gū——　買酒。

7　壑：ㄏㄛˋ / hè——　深谷，深溝。

8　倜儻：ㄊㄧˋ ㄊㄤˇ / tì tǎng——　灑脫；不拘束。

9　朝暾：ㄓㄠ ㄊㄨㄣ / zhāo tūn——　形容初升的太陽，陽光明亮溫暖。亦指早晨的陽光。

10　褰：ㄑㄧㄢ / qiān——　形聲。從衣，寒省聲。揭起的意思。

11　陛廊：ㄅㄧˋ ㄌㄤˊ / bì láng，陛——升高階也，廊——廊是指屋簷下的過道、房屋內的通道或獨立有頂的通道。

12　棲：ㄑㄧ / qī——　停留。

13　徵：ㄓˇ / zhǐ——　會意。從微省、壬。行于微而聞達。本義：徵召。

14　薺草：ㄐㄧ ㄔㄠˇ / jī cǎo 薺——細碎的聲音。密集的草。

15 汍地：〈一ㄡˊ　ㄉ一ˋ / qiú dì ，汍——會意：從水，因聲。本義指
　　游水。

16 騰踔：ㄊㄥˊ　ㄓㄨㄛˊ / téng chuō ——猶騰達。指地位上升，宦途
　　得意。

17 陟步：ㄓˋ　ㄅㄨˋ / zhì bù ，陟——晉升。登上的意思。

18 望隱隱才通，聽澈澈方明——當我們判斷事物的時候，應該跳出其
　　中，來到方外，使其不為當前所迷惑。

19 窘束：ㄐㄩㄥˇ　ㄕㄨˋ / jiǒng shù ——約束；拘謹。

20 高者無峰乃儒仕矣：平步入雲乃道修矣——平頂山很高，卻沒有鋒
　　尖，正是儒家思想的精髓，中庸之道。在平頂山上，可以，邁著平
　　步，進入雲端，比喻平常而入仙境。正是道家追求的自然道法。

|14|
牧樂家傳承

程式家族家風建設

一、牧樂家訓（言語論篇章）

禍從口出當危之，解一時之痛快，成千年之悔恨。茲焉：口快白丁，口河自泯，口炫欲囚，口血為刃。茲歷來豪傑、志士敗者，無不於口誤矣！且成者無不言德焉。履未無言，行止語停，背莫言人之。口行前程，口成貧富，口善積德，口劣折煞。言品貴賤，語論成敗，唇齒風水，舌定乾坤。

《三字令》（口德）

言立正，少如春，默如金。

無劣燥，醉失言。

贊多成，嗯行好，樂弦音。

實匯友，莫鳴高，易交心。

低許諾，自謙親。

忌嚴寒，批適量，借成仁。

《三字令》（口才）

言有的，涕為真，元為神。

繁而鈍，例如刀。

不讒言，觀聽問，訴成恩。

言有二，必思旁，半截？。

幽默愉，倒言深。

錯擔當，截怨語，概成君。

解釋：借語成仁，概世成君。借名仕之言，汝為名也，仁矣。擅長對事物總結，且定論者乃君王之像矣。（言語技巧）

少語如春，默者為金。

在寡言者身旁，茲如春天裡。當汝不語時，旁者視汝金也。

言一有二，陰陽思量。

世間萬物陰陽之，皆言出必歸類之，類必有反類之，故多思反者，倘利弊之，或少言之。

訴痛為恩，聞者為己。

斯向汝訴己之隱痛之，汝為斯恩之，斯為汝知己之。

借痛例恨；涕痛為誠，激恨為神。

斯淚湧時，眾憾之，眾誠之。當斯元而憤之，眾染之，且為神之矣。茲可借例焉。

況且批人八分，頌人十分。頌人之歌乃珍寶禮物之。

· 賺錢，千萬不要聽一個普通人的意見，如果他的意見有用，他自己就不會過著普通的人生了。

· 普通人最大的死穴就是：想贏，但是又怕輸。而高手，想贏，通常還會做好輸的準備。

· 所謂的貴人，不是直接把錢給你的人，而是開拓你的眼界，糾正你的格局，給你正能量的人，給你機會的人……

二、牧樂家訓（立志篇）

男兒當志之。優為：志發於生，次為：志發於趣，再次為：志發於求。即：立于有量，立於有興，立於有求。

《應天長》（立志）

草發三月當知果，紅至萬千花必落。

雲飛過，霧山鎖，霄峰更朝天上破。

菊花鄉里水岸，暝色炊煙寂寞。

牧放流天雨過，方圓萬里闊。

解釋：童幼知修練，當立志。「紅至萬千花必落」：且知生命之短暫。適體而定之。「雲飛過，霧山鎖，霄峰更朝天上破」：峻峰之美，常為高險，故創業之難，當勵精圖治，愚公移山之所長矣。菊花鄉里水岸，暝色炊煙寂寞。人本自然當修其焉。遙遙之途擅高低起伏之。修身于萬軍之首，塵民之單；暫態上下乃司馬之仕也。倘老修或樂於平庸之。鄉村之寂，享天賜美樂之。擅修平庸乃天道之。得而樂歸，失而興歸，當順風之樂。若立志而成，必須樂於深山幽谷之中。儲心於可現可隱之，方能朝堂不敗，理想可求矣。即：儲心漠穀，志隱無形。

「牧放流天雨過，方圓萬里闊」：

順地成道，順天成法，順人成事矣。牧放自然為樂哉！

《日決》

東山日漸升，水遠煙雲蒸。

一道霞光起，四方萬像通。

神堂灶王嘴，鬼筆描人黑。

萬事功成過，清白早善歸。

解釋：在官場上，你做的比別人好，就會招人嫉妒，功勞更大時，甚至超過君王或單位的一把手時，就要卸甲歸田或暫時隱退。自己永遠不提起功勞的事，這就是陰陽平衡，好壞事不走極端的道理。歷史有多少有才華的人，下場命運悲慘，不瞭解歷史的人，以後也會有人吃虧，所以人生必看三國和中華上下五千年這兩本書。

三、牧樂家訓（交友之篇）

交友之憂在於識別，識而類之。識之道：當看其習、其行，其友之。莫聞其言之，莫觀其容之。此乃對父母不孝，對周邊人不仁，焉能大德於你之。

友為三層之，一層門外，為之示好，以之統領，為事業之友，不可入已家也，可為雜類焉。二層門之，此類為志同，仁德之友，可瞭解到你的家世之。三層為門楹之友，可入你的院內，做為賓客之，此類之友為無欲者，但不可入室之。人無遠慮 必有近憂，人無完者，皆有妒身近，親高遠焉。

《柳梢青》（叢生）

大地叢生，友之長樂，異類分爭。

儷儷飛花，螻蟻幾萬，同樂乾坤。

騎子焉顧驍勇；王者怒，擁兵屬征。

千古一芳，塵埃一世，天地相成。

此詞的意思：人本草木皆叢生，人者在世乃群居也，焉能無友。反將寸步難行，長於比己博遠、比己技高、比己仁德者常伴之。少於媚言者，惡習者，欲烈者，騙盜者，險惡、妒忌、議人者為近之。常為習慣，如五惡一常之，常即為不常之。識人之相更不可忽視之，見「僕果」論相之段言，少之友，因了如己身，可多信任之。

四、牧樂家訓（食之道篇章）

病從口入乃危之。烏白流清，素聞天香。明燭旺短，默龜壽長。人壽如燭明之理。人體如機，終身食有固量，食之急之，歸之急之。嗟！食之慢之，歸之慢之，食而慢之乃長壽矣。

《永遇樂》（食之道）

天浩行雲，地博流水，繁衍千萬。
日月衡生，一牽百絡，塵微皆留豔。
陽光雨露，人如草木，更有曇花現。
綠發初，千秋節氣，老枝欲芳無限。
丘園散誕，荒無靈性，孕育初生細軟。
百物寄爭，芸芸亂像，時有浮生岸。
飛禽走獸，天長地久；洞火固然現。
智人盛，神初體末，故歸故饌。

此詞其描述生靈之演變，從簡植到繁植，以至簡生到繁生之進化。物化生生，生生更生。魚歸水而生之，人歸古境而壽之。人初簡植為古食之，反之為近食之。食古食者，如魚歸水鄉，鳥巢林森。故曰：「故歸故饌」。何為簡植或古食，例海中之藻、參，山中石菌。或古前簡之胚體。皆為遠古食也。木耳乃清石、清脂、清栓、化結之。紅酒更醉人久之。

嗟，越是進化生靈乃越近食之，當少食之或不食之，食其乃堵塞之。

總之：知食性乃食道之，知體性乃天道之。人體如機，肝腎排量，當知其所能。方有食而助長、食而維生、食而延生、食而不囤，食而去囤、食而去結。或食而截病、食而去病之理。

食植者為素之，食簡植者為更素之，為壽之矣。

五、牧樂家訓（鄉鄰、同事篇）

斯當遠惡之。且鄰居、近同雖有善、惡，其應盡維之、善之。惡而不同，當友之。善而更友之。

《菩薩蠻》（浩境）

巔峰腳下眾山棄，雲翻霧蕩風流紀。

日朗耀乾坤，青山依舊新。

欲程千萬裡，大雁一行儷。

雲墨大風急，禪房林下棲。

解釋：理想之高遠者，其何介意身旁暫且之得失。鴻鵠之志，焉為鄉鄰籬笆之左右。斯永為鄉夫矣。

「大雁一行儷。雲墨大風起，禪房林下棲」：偉者乃浩漠千里，紹凡而平易、仁善，且友鄰救急之，無能替之。

況乃鄉為常也，友鄰面示樂哉，反之映惡哉。汝常得樂之，樂而生樂之。

故：浩而謙卑，浩而生善，善而生樂，樂而生康，康乃大福之，皆故曰：浩行天下之。

15

牧樂書法藝術講座

《藝遁》

　　余遊赤野，漢漫無章，執杖蹣跚。瞿然玄雲斷續，觀其淩雲插峰，巔聯高壁，或露登階，闔闔勃開，玄台貞琬光麗，萬芳苣蕙，彩畫紛披，神女拂衣繽翻而淋漓，餘未所動。隨藏書入閣，與翰翁玄談，斯勒篆典經，翁今聞古，開蓮華表。喜蜀相八陳，冥冥未窮，秉節制而縱放自如。與翁共興已久，遂悠然門通補天。予愚借遁世溢靈，徜徉無限，徒遐思而悟空，若白水之覺，方伉儷舊久。

　　嗟余曾陟巔吟誦：木蕭蕭兮賞榮華，春蕩漾兮棄落花，大漠乾涸兮維綠科，大河滔滔兮失葉舟，滿目瘡痍兮獨麗花，大雨滂沱兮河中央，大風起兮看秋蛾，壁崔巍兮藐人行，山重水複兮又一村，壯士斷崖兮如是歸，壯士滿懷兮淚潸潸，茫茫不知兮而有知，是是非非兮而感悟，白鶴入雲兮而欲仙，瓜熟兮秧已枯，藝成兮顏已童。

　　若童顏幾歲，骨髓未成，或魂露體外。無繁而真之，如鶵雀未拘於藩籬。以未知而虛無縹緲，或略知而簡。以一抹而不顧，且翳避而決潺流真，拙本自然，隨性幻想，任由孤行，恰荒唐之舉，隱隱而仙徑。

　　世自有天綱地絡，當習之。

　　古猿始于森，安於野，慣天成而安逸。河遠遠而彎彎，水票票而漣漪，雲斑斑而虹弧，天地諧美于弧曲。或黃金四點：密一、疏二、空一。或對角之斜，三角之成，十字之圖，或層去無窮。天地間黑、白、灰而零色，倘搦日紅、或月黃、或木花而一色，其無限之淨美。其文化秩序、色彩秩序、元素秩序，皆遵：主70、付20、點10之則。更有：虛七、真二、異一之逸樂。亦有：甜七、酸二、苦一之天漿。天地窈窕淑女：秀腰、肥臀、隆胸、修肢、勻肌、潤膚、蛋型之龐、丹鳳之眼，通鼻、小口、三庭五眼之距。無不幽雅曲美之。世有象形、象聲、擬人之美。嗚呼！山斂方，水斂橫，雲斂垂，當危矣。

世只有振幅之美。例之：跡行龍木，筆等墨暈。舞美肌顫，歌喉磁蕩。雅芳陣陣，鳥鳴微婉而曲回。香辣交茹，甘苦有無之間。閃而耀目，詩句平仄，幽徑頻彎，水流起伏。

世自有疊蕩之美。重重而來，波波而去，乃自然餘美。

倘重七、缺二、另一，且筆筆重轍而不同。早有詩行重韻，意而再義，喻而再寓。或歌而迴旋，舞而重蹈，山而重疊，水而漣漪。鳴而回蕩。故原始歌而樂舞，盛唐詩而書畫，無不循之。皆回音而疊蕩，餘而層出不盡。故重而不同，重而波美。斯小而振幅，大而疊蕩，浩而再生。

世自有陰陽之道。其大小方圓，疏密濃淡，繁簡深淺，快慢長短，上下遠近，長短曲直，虛實冷暖，斜中取正，果垂枝旁，近展遠涉，近實遠虛，近濃遠淡，高昂低吟，倏直嫵婉，大悲大喜，大誇簡真，抽象具象，華貴簡普。儻女尤嫵媚而怒目，老將威武而慈淚。越老廟修青，枯木花初，野草玉堂，童顏而白首，無序而有序，皆為陰陽調和之道。

世自有修童之巔。老果返子，厚得越初，藝高流拙。畫以真為功，書以正為柱，音以清而圓，舞以開而節，詩以情而律，墨以五色而浸。皆為後天之修正。乃秉天綱地絡而縱情，當去繁化簡，返童寓，修童初，幽僻遐思而大墨流荒焉。

悅媚娘之戲足，喜嬌女之故弄。樂偉岸之憨，高尚儒謙。贊明玉之異為霞。賞高歌嘶啞為絕。瓜果而熏蒿，馥芳野苦，倘甜七、酸二、澀一，遂品甘露酸澀為野，得瓊漿苦辣為上。嗟糖水無餘，美女無嬌，不為上品矣。咸卓越之僻，高巔之寒。故不功不器之，器當棄之。

世自有修仙之道。其丹田功、吐納功、大修功無不襲修靈之舉。靈溢創想，思遊意蕩。幻像不羈而啟明。故曰：匠墨寫真，大墨去荒，仙墨無綜矣。倘未聞水中魚，只見湖中泆。若嵐靄幾階，簷角餘露，霧漠漠而含川，紋不定焉，或山居逸客之修心。此乃畫中之無。

或"月明渡林梢，風靜無蟲擾。只聞四足浴，餘下情人曉"。或"萬徑人蹤滅，千山鳥飛絕"。或"花嬌月下影，落地窈窕輕。午夜雲來濟，仙姿墨無蹤"。此乃詩中之無。

皆是有是無，是是非非，無而自悟，無而寫己，無筆而生輝，無聲而勝有聲之。宛然聲極而斷音，物拋而欲停，舞極而止，悲極無淚，樂極而泣。意到而墨未到，其寫意之，嗟深白悟空兮。

「漢墨」曰：大風禦蒼龍，雲墨吐彩虹。潮汐幾重過，浩淼去橫空。淡抹日初東，濃妝化雲風。修真黛墨有，仙姿覓無蹤。餘曰：淡墨止於固，潑墨化雲風。大墨修無有，仙墨去無蹤。

世自有哲之道。小而寓，中而誇，大而哲。

高者無峰乃儒仕也，平步入雲乃道修也，其哲之。

其碩果枯藤，誰之母歟？老秋寒蛾，誰之殘歟？雪壓松枝枝更姿，誰之氣歟？其孤窗燭影待人歸息，暮炊嫋嫋生生息，林鳥棲棲飄零息，雞鳴晨曦報喜息。累累碩果風調雨順息。螳螂捕蟬，黃雀在後，其妄費息，且幽默詼諧。皆默抒情懷，小而寓之。猶大誇而大簡：落崖通天，滴水牧樂。亂石蒼松，斜坡垂木。初雪暮蝶，大雪梅紅，冰山雪蓮，古木初花。藤木夤緣，月花浸淚。其淋漓何道？世不哲即為匠夫也，大哲乃大師也。

餘祥逢天府偶開，同仙風道骨之慨歎，余神游傳於世。談崢嶸之高論，露太清，尋仙蹤，跨虹蜺。千里飛雪而窮極南天。杯飲四海，唇合天地。已斗膽驚悚，餘止終論。

　　餘謁紫都，供天地之大德矣。故吟詠：美人淚別婷，念你紅塵中。夢裡陰陽界，回眸是真容。曇花一現間，已是幾千年。你我約天地，承蒙再人間。

　　此文以古文形式，更能概括和精煉地探討藝術。古文雖都是漢字，但是它具有特殊的效果，是現在語言無法表達出來的。

　　藝術都是姐妹藝術，書法當然也符合此文規則。下面我就以自己書法的實踐經驗，層層遞進地研究書法藝術。揭秘《藝術理念的軌跡》我講的東西是同其它人完全不同的，新的一套理論，打開了藝術空間的另一大門，希望大家能夠解放固有思維，因此也許有些人會不習慣。

　　世界上最大的監獄就是人的大腦，走不出自己的觀念，到哪裡都是囚徒！

　　人生遇到一個，能打破你的原有思維，改變了你的習慣，成就了你的未來，才是你真正的貴人！

　　糾正一個笨蛋，他會討厭你，糾正一個聰明人，他會感激你。

　　S人類在無限的宇宙面前，永遠都是坐井觀天，無論你是以前的科學家，還是現在或者未來的佼佼者。

　　宇宙的無限大和無限小，已經早就告訴了我們，人類是永遠也無法全部瞭解宇宙。

你知道人類和動物的區別

　　人類所有的感情感，動物全有，都有改造自然界的能力和意識。對自然的感知能力，甚至超過了人類。然而，人類所具備的東西動物卻沒有：哲學思想和藝術欣賞，是人類高於一切生物的文明標誌。

　　“石不洞何為奇也，字不殘何為書矣”！

　　倘殘缺、歪斜無律之。乃無效之，必為“江湖”之。

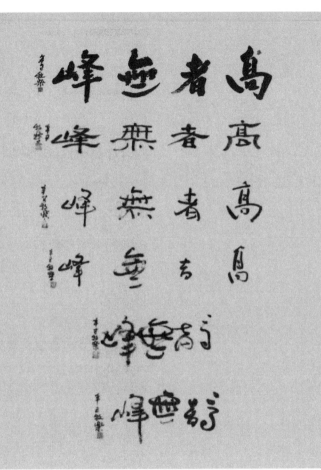

　　此話講的是什麼意思？

　　當把字寫的工工整整，或者同碑帖一樣時，那只能算做毛筆寫，也叫"工匠"、"畫匠"。離書法藝術大老遠！比如：把字寫工工整整，也很漂亮了，但只不過是方方正正的一塊石頭，誰也不會把它放在檯面上，每天都去欣賞。然而，當石頭有空洞、殘缺、部分歪斜，才稱得上奇石。

　　所以字不歪斜、殘缺、甚至腐敗，就談不上藝術二字。

　　然而，歪斜、殘缺、腐敗有其規律，以後會主講這裡的奧妙。無規

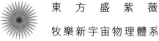
則，就是無秩序、混亂的，也就不是藝術範疇。

但是，倘若你的字不是從帖裡走出來（功夫），不刻骨地練習、研究優秀的古帖，離開了古人的智慧結晶，那你的書法只能叫"江湖"書法。

儻故弄玄虛，華而不實，虛張聲勢，醜陋也就罷了，卻在大雅之堂，眾人皆笑之，此為醜陋無比的"江湖"愚昧。

我們經常說一句行話：一腳門裡一腳門外，出來進去，進去出來，門裡指的是碑帖。

門外是自我發揮，是一個人高尚情操、藝術修養的流淌。

我講一句消極的話，會讓很多人不高興的，如果你是初學者或者你的小孩，要學習詩、書、畫，走這條藝術之道，我奉勸各位朋友，還是儘量不要選這條路，除非你或孩子有這方面的天賦。

因為要想成"家"、流芳百世，真的很少，也很難。

別看有一些小孩子，字寫的很好，但以後不一定會成為藝術家，未來要看他是否修成正果。

比如平時我們觀察一個人，一看你的年齡或者性格、靈性，就知道你的作品在什麼階層了。因為書、畫藝術最後一定是一個人高情操的積累，自然流淌出來的精華，是人生的經歷和感受，年份不到不可能成仙。風雨陽光、寒去甘來、瓜熟蒂落，天賦不夠，寫畫了一輩子，也達不到藝術的巔峰。而且大藝術家也一定是一個大哲學家，要想真正寫出李白一樣的詩句，先首要有李白之情懷、鬥酒之量，方有曠世之作矣。

枯黃冒寸草，花癡寒裡早。
老柴欲發秀，恰似少枝好。

至盛唐以來，為什麼沒有一個詩人，能夠紹過李白的，就是後人只知道背誦、模仿李白的詩，沒有人研究李白的心境，他是怎麼想的，沒有人懂得把自己的情懷變成李白的情懷。

在此，你我記住一句話：《你羨慕誰、模仿誰，你就會被誰框住，永遠別想走出來，超過他》。

在這裡我要說的意思是，不建議熟背他人作品，無論是詩詞和其它藝術，要多研究和勞記作者的藝術手法和心理活動，可以研究它，但不可以過度羨慕它，才能超越它。

綜上所述：藝術來源於天賦、愛好、勤奮、積累、靈感、哲理、情懷、高人指點但是，對於一種業餘愛好，寫寫畫畫，提高情操，提高生活品質、雅趣，也是非常不錯的選擇。

書歸正傳，話歸原題。

選擇大於努力，當你選擇了捷徑，你就會節省時間。對於初學書法者，我的建議：楷書最好臨摹"柳"帖。《唐歐陽詢書九成宮醴泉銘》。隸書：臨摹《乙瑛碑》帖。這一點非常重要"因為此二帖的毛病特別少。

任何帖都有不足之處，也都屬於正常。找到一個好帖臨摹，你的起步就比別人高，節省時間成本，未來也不會養成不良的習慣。

這裡也提前講一下習慣：一種是自己原來寫的字特別有特點，形成了自我"堡壘"，形成了自己的體，甚至書寫的很好看。另一種是臨帖時選擇的帖一般，把帖裡的毛病都學成了習慣。還有一種是對帖的內含，沒有深入的研究，形成了自己的書寫習慣，也就是說只畫帖、臨帖、背帖，沒有研帖。

一旦形成習慣，非常難改，因此這個問題很難處理。對於初學者或者已經學習多年書法的人，很難改正。要有思想準備。

相反之，如果你字寫的一般，而且總寫的不一樣，那是最好的。重新開始學習起來反到不難，更像一個年齡大的人，性格很難改變一樣。

　　一般初學者要經歷畫帖、臨帖、背帖、研帖幾個過程，尤其研究帖這一點非常重要，而這一點卻常常被人忽略，或者沒有研究透徹。一個字微小的細節，都是講道理的，講作者心境的，但碑帖裡的字不會說話，要我們放大細節的倍數，在顯微鏡下看看它，此乃特別之處之。

　　畫帖、臨帖、背帖的過程我們在這裡就不講了。我們下一步要從研帖開始。

　　更多的人直接臨草書、行書，是不對的。

　　行書和草書從發明的那天起，就是一個人寫字時，由於著急寫的快了，自然形成的簡化字。請注意 "自然" 二字，非自然就是不好看，也是在畫字，即： "工匠" 字。不是真情流露，不是書法藝術。

《內因與外因的關係》

　　比如：蘇東坡的字，是他這個人的性格特徵多年生的修行，最後形成的書法，這是內因。外因是機遇，在特定的時間、地點、氛圍，釋放出來的，因此你要想寫出如蘇東坡的字，除非你首先把自己變成蘇東坡的性格，否則你都是在畫字。

　　當然畫字是初學者的入門，必經之路，但不能一輩子都在畫字中。

　　比如：我們倒過來看一個人寫的字，完全可以看出來一個人的性格。再比如：蘭亭序是王羲之作者一時情緒的釋放，你怎麼能模仿出來，連作者自己都再也寫不出來了。

《漢墨》

　　大風馭蒼龍，雲墨吐彩虹。　潮汐幾重過，浩渺去橫空。

淡抹日初東，濃妝化雲風。　修真黛墨有，仙姿去無蹤。

詩解釋為：淡墨止于初，潑墨化雲風，大墨修無有，仙墨去無蹤，這是我的詩和書法追求的風格。

欣賞別人的書法藝術，要欣賞作者當時的心境和當時作者的情緒。不論是詩、書、畫，一個人若是總能夠創作出一模一樣的東西，那一定不是藝術作品，因為藝術家每時每刻的情感、雅趣都不一樣，尤其更高的境界，不是什麼時候都有。好的書、畫藝術品，是在特殊的外部環境下，作者多年藝術修養的厚積薄發，也因此好的書畫作品，一個藝術家一生也不是很多。

所以真正好作品特為珍貴，石不洞何為奇也！

綜上所述：我們在研碑帖的時候，不但要學習用筆技巧，更要研究當時運筆的心境。　即：當我們放大一個橫的時候，不但研究橫寫的技巧，更要研究寫橫時的速度、心情。

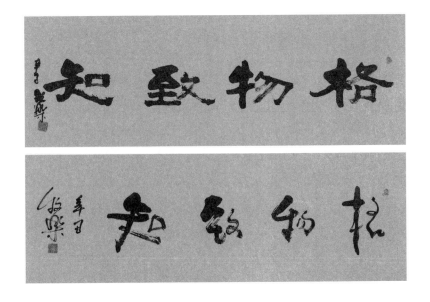

總之：

《孵化於籃，放飛於籃》

美雅肥麗舞，笨拙驚險初。　瘦露醜枯古，是非有或無。

妖嬈時常在，天生自然熟。　遍地陰陽對，到處小公主。

（初：以帖為根，有著與帖一模一樣的痕跡。妖嬈：美學規則。小公主：小，就是童體，公主，美和任性的化身。）

《書法七律》：

一、毛筆字與書法藝術的區別，方塊石與奇石的區別。

二、書法的擬人化，美人化，舞姿化。

三、書法的構造：三角構圖，十字構圖，對角線構圖，黃金分割點構圖，S型構圖。

四、書法秩序定律：即70、20、10定律。

五、書法的陰陽調和法則。

六、書法藝術是自身藝術修養的流露。

七、書法藝術的返童：大師化。

一、毛筆字與書法藝術的區別。方塊石與奇石的區別

經常有人說：我的字同字帖一樣了，幾乎看不出來是我寫的，像印刷的一樣，我已經是書法的頂級高手了。那我要實實在在地告訴你，你寫的字只是毛筆字，不是書法。因為書法是藝術，是作者的創作甚至叫發明。你把維納斯雕像，複製得一模一樣，你也不是藝術家。有多少人在模仿卓別林，但模仿的人最後也沒能發紅發紫，對嗎？

所以你把帖裡的文字寫的再好，也是在模仿學習當中，當然這是成為書法家的必經之路。

（毛筆字）

（書法）

　　在藝術之路上，頂多算是一個小學生剛剛畢業，也可比做小孩子剛剛學會走路。

　　字帖的字是古人經過深思熟慮，掌握了很多美學的規則，而後自然流暢地呈現出來的，那麼你經過筆墨紙的駕馭能力後，要成為帖裡的古人，成為具有古人的智慧、修養、心境。這時候才能寫出同字帖一樣的作品。

　　然而你能成為一模一樣的古人，你能修成另一個人嗎？答案是不可能的，因此你寫出來的字越像帖裡的字，就越是假，不是自己的創意，沒有自己的思想，而是照抄、照搬，同防治一副畫，沒有什麼區別，人工修建和自然風景是兩回事。

　　人工與自然有什麼區別呢？《人腦中遺存的資訊》

　　為什麼經常有人感覺，好的書法作品看不夠，就是掛在牆上，多長時間都願意欣賞，其實這裡邊的道理就是人工和自然的區別，剛出生的孩子就會吃奶，餓了就會啼哭，這是人類原始的遺存資訊。古人類生活在自然界大森林中，看慣了自然的東西，比如：彎彎的溪水，起起伏伏的山脈，自然彎曲的樹木等等，這一切都遺傳給我們現在人的大腦裡了，那裡就是家，就是我們生生不息的母系氏族的家，至今讓我們覺得安穩、親切、溫情。比如：我們每每進入森林都有身心放鬆的感覺！其實就是我們的上祖，遺傳給我們大腦中的烙印。

再比如：我們看到紅色就比較激動和溫暖，激動原因血是紅色的，流血就會有撕殺，因為火又是紅色的，所以我們見到紅色就感到溫暖。

白色、藍色就是讓我們想起冰霜，所以感覺冷。當古人看到齊刷刷的斷木或者齊刷刷的斷石，就知道附近剛剛有大的野獸出沒，立刻就會警覺起來了。

所以我們現在休息在一個，有著整齊高檔裝修的房子裡，卻不如在小木屋裡舒適。沒有辦法這是祖先給我們的遺存，•所以講到這裡你一定明白了，再裝修房子的時候，你就不會用紅色，用紅色讓人很難入眠，選擇有紋裡的壁紙裝飾時，更像森林裡面樹皮，會讓人覺得安穩自在。

綜上所述：所以書法像整齊的石塊，像折斷的木頭、整齊的、加工過的方木，掛在牆上就會讓人不適，因此自然的書法才讓人耐看，就是這個道理。什麼是最自然的書法，以後我們會講到"返童體"。

《自然不完美、完美不藝術》

什麼是道法自然，無為而治？

欣賞書法作品主要是欣賞美與自然。這一節講的主要是自然，不自然就會讓人不適，以上講了，因為不是大自然的東西，我們的大腦就不認可，因此首先不自然的東西，就永遠掛不上美的邊。

因之而類推，世界上有沒有最完美的藝術作品，答案是有，但一定不是好的藝術作品。

比如：再偉大的人也有不足之處，最完美的人一定不是個好人，為什麼？因為完美的人一定是裝出來的，在你身邊有其目的罷了，所以追求自然就會不完美。我們可以儘量向理想的完美方向接近，但決不能達到，萬一達到了，事物會按照相反的方向發展，物極必反之理，達到了最完美，作品也就僵化了。

　　因此，作者在創作藝術作品的時候，想的全部是法則，全都顧及了；也就沒有了自然流淌，還那裡來的風流倜儻呢？

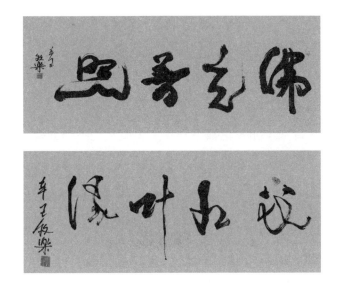

完美＝廢品。

近完美＝極品。

《藝莫為：名而名之，利而利之，勞而勞之；當為：樂而樂之，善而善之，美而美之》

為了探討人的心境，這裡不得不講出幾類人：

1. 如果一個人很會行銷，天天忙於各種活動，到處發聲、搞展覽，推銷自己、宣傳自己，那這類人的作品一定是很一般，因為所有的藝術造詣很深的人決不會這樣做。也有一部分人，在專職崗位上。雖

然名氣很大，但他是為了工作、生活而奔波、專研。就像中國的足球名星，是為了賺錢而踢球，不是從興趣、愛好出發，不是享受藝術、享受足球，所以就無法達到最高境界。理所當然從小看一個人，愛要小聰明，說的比唱的好聽，做事敷衍，不刻苦鑽研，藝功肯定不精，也決不會有過人之處。

2. 歷史上，有一類人，耿直倔強，明明走不通的路，他硬創，看明白的人都走了，就剩下他一個人還在那裡研究，結果這個人，成為了最偉大的發明家。

3. 我們身邊還有一種人，非常老識厚道，辦事認真，小心翼翼，墨守成規，寧肯半步死，也絕不一步生，重來也不願創新，這類人，最後都是一事無成，更何況是藝術創作。

4. 什麼是藝術家的品質？

苦澀與浪漫，完美與放浪的結合，即：藝術修養。

作品就是人品，世界上最大的公平就是：先有人格魅力，後有魅力作品，庸人出庸作，魅人出魅作。

一個是人的鑒賞水準，對美學的理解和發現；

另一個是人品：講原則，刻苦，耐勞，善良，誠信，忌惡如仇，敢做敢當的品質。

還有一個是浪漫、豪邁的情懷。人要想活的轟轟烈烈，就要放飛自己，淋漓盡致地去追求，莫怕旁人說三道四。你如果愛它，就去死去活來的愛吧！這就是作者創新作品時應有的一種狀態，因此，我們在生活中，看到一個小家子氣，膽小如鼠的人，一定不會成為藝術家。

苦澀與浪漫；完美與放浪的結合，才是藝術家的根本。

因此，在平時要刻苦訓練法則，讓自己形成正確的習慣，儘量少犯錯誤，創作時一定要忘我而自如。蘭亭序絕不是為創作作品而創作，所以才優秀。真正優秀的藝術作品都有瑕疵，有瑕疵才自然，當然這裡講的瑕疵不能過大，過大成了殘次品。

然而讓我們真沒有辦法的是，山峰越高，穀底就越深，鑽石越明亮，也就更加堅硬，人越有才華，毛病就越多，脾氣也越大。
此乃陰陽平衡之律，是大自然的規律，誰也無法抗拒，因此，評價一幅好的書畫作品或文學作品往往都會有很多爭議。

再舉例說明：鑽石的紋理，雖然人們都想讓鑽石紋理更少一些，但是沒有了紋理就是玻璃了。（所以在創作時，要放棄自己，放棄顧忌，只要平時功夫到家）。
總之，鑽石沒有了紋理就是玻璃，咖啡沒有了苦味就不是咖啡，紅酒沒有了苦澀酸辣就成了白糖水。作品沒有了瑕疵就不是藝術品，人沒有了脾氣一定會成為懦夫，請記住一句話：自然界從來就沒有完美的東西！完美的東西是機器製造出來的，物極必反矣！

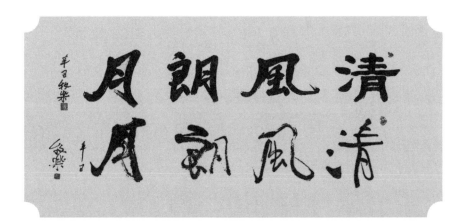

5.第五類人，就是在我們身邊真的有很多，從來就看不上別人的作品。

不論你是誰，在他眼裡從來就沒有好的，甚至歷史大師級作品也挑三揀四，說出個一二三來，其不知百分之百完美的藝術是永遠不會存在的，只能是機械製造的工藝，只有瑕疵與完美的並存，才是自然界產物。那麼你會高價買自然界的鑽石呢？還是人工製造的玻璃呢？

追求完美，但不要達到完美。

趨極而不達之後極也，此乃《牧樂宇宙物質三大定律》，物極必反之理。 嗟乎！苦澀與浪漫的交替，完美與放浪的對決。

要善於換各種紙、墨、筆去練習，適用於各種場合卻不變本色之美。

二、書法的擬人化。美人化，舞姿翩翩化

為什麼很多人離開了碑帖，字就寫得不好了呢？究其主要原因是，沒有拿握好碑帖裡字的要領，只要拿握了要領，寫過頭了也好看，比如；本來字裡某處的一橫應該短些好看，反之，你恰恰長了一點點，那怎能好看？寧可再小一點也很好看，這如同模特要比常人的眼睛大，所以才好看，反之你卻比常人的眼睛還小了點，怎麼可能好看呢？所以最怕的是你走反了方向。

《擬人化》

我們經常說你這個人怎麼沒有個人樣呢！也就是等於罵了這個人。

因此字沒有了人樣，還叫字嗎？這句話雖然有點過份，但也不無道理。

世界上最高級、優美的生物就是人類。

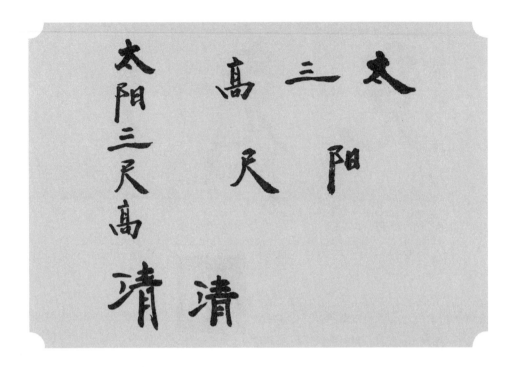

　　其實人類已經看慣了我們自己，在大腦裡早就遺存了資訊，這個遺存就是看自己的同類比較順眼。人以群居，物以類聚，生物一般決不會同其它動物同居。

　　當然在人的身上能夠找到很多美的秘密，以後我們會講到中國和西方的古建築，都在人體中找到了影子和美學定律。

　　所以人是萬物之靈，一個字若趨向於人型，也就是説字寫的有神啊！怎樣才算得上擬人呢？顧名思義：擬人字要體現出頭、肩，腹、腿、腳、手。

《美人化》

　　同是人類，有美醜之分，衡量的標準是什麼？

　　一個剛剛會喃喃講話的兒童，你問他那個阿姨長的好看。他一定不會説錯的，所以看一眼美不美是不用培訓的，你我自然內心都有標準。你喜

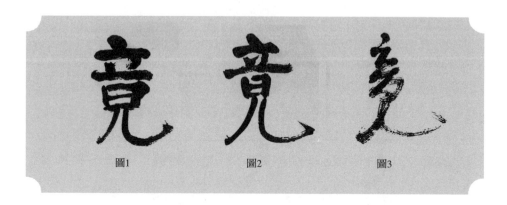

圖1　　　　　　圖2　　　　　　圖3

歡站在你面前胖胖的、矮矮的，還是喜歡窈窕仙姿？（圖1）

美人字要體現頭小、肩寬、腰細、腿長、勻稱、高挑、口小，器官比例協調。也就是說字的上部分小，中部寬，下部長，見口、日就要小，身體勻稱，字不要太胖，結構勻稱，窈窕淑女，君子好逑。（圖2）

《美女舞姿化》

兩個同是美人，一個在跳舞，一個呆板靜止的，你一定會選擇跳舞的美人，所以最美的字不但是美人，更能翩翩起舞。　（圖3）

總之，生物是自然界的產物，字像生物就自然，人又是生物裡的精華，像人的字就有骨氣，血脈，精神。人更欣賞人，人更愛人，看到了像人的東西就會感覺自然、親切。

三、書法的構造：三角，十字，對角線，黃金分割點，s型構圖

中國歷史有多少奇人、怪傑、大師，在黑暗的漫長歲月裡，孤獨地尋找、摸索、發現了一些規律。如今縱觀歷史無不對我們祖先的偉大和智慧感到驕傲和自豪！但是，大家都知道，中國傳統中有一個傳內不傳外的陋習，耽誤了中國幾千年的發展。幾千年前華佗的開顱手術，諸葛亮的木牛流馬，不用任何能量就具有運載能力，以及能夠飛去，還能飛回來的木鳥，永不生鏽鍍鉻的寶劍。各行各業都有，就連現在的技術也不及啊！卻

都被發明者帶到墳墓裡去了，永遠變成了秘密。

　　然而，後起的西方文明，發明家把自己的發明寫成書，讓所有的人都學會了，後來又發明了專利制度，讓人類科技迅速發展。如果我們的祖先都不守舊，把自己的發明公佈於眾，也建立專利制度，可想而知，人類世界的文明能夠提前幾千年啊！

　　在古人的碑帖裡，雖然給予我們的是真人之作，但絕對沒有告訴你是怎樣寫出來的，有好多規律沒能告訴你，因此在我們後人學習的時候，造成了重複的探索和研究，也因此八仙過海，各顯其能，有駕馭一艘小三舨船的，也有駕馭幾條木條的。到底書法藝術有沒有標準，欣賞的人也各有所不同，更多的是一副書法作品裡，能讓自己滿意的只有幾個字罷了。

　　因此，把書法的秘密及規律，毫不保留的留給後人，讓其中華民族的傳統文化源遠流長，是一件非常光榮、有意義的事。一個民族的傳統文化，就是一個民族不倒的長城。民族文化消失了，也就相當於這個民族在世界上消失了！

1. 三角形構圖

　　漁翁更舉酒，斷步幾回有。

　　來者問何人，殘風吹腐朽。

　　（描述藝術家一種狀態，醉翁不到，猶如仙境，好似三角形的物體）

三點聯線就是三角形，三角形具有穩定性作用，穩定在美學中並不是特別重要，而是三角形具有自然的效果。

　　三角形一種是直線三角形，也就是我們所說的正常三角形。中國古建築外形基本為三角形的疊加。（如圖示）

　　而另外一種是由曲線連接的三角形（也可稱為半弧形），我們以後稱其為曲三角形。

　　前面講人是最美的自然產物，人們又對自己的同類看習慣了，人身上到底哪裡是曲三角形呢？

　　首先看我們的頭頂，360度不論從什麼角度看都是曲三角形，如果有人把髮型剪成方型，看起來真的不好看，不順眼。鼻子、下巴是倒三角。眉毛、眼睛、耳朵、嘴，上唇是由兩個曲三角組成。頭和雙肩組成的三角形，肩膀和腰部形成了倒三角形，臀部和雙腿構成三角形，人的雙腳、雙手都是曲三角形，也許你還能在人體上找到更多的曲三角形。

　　因此人們看到了三角就相當於看到了自己、同類。三角形讓人親近、自然、安穩、妥當、不異類。擬人後，字就會讓人感覺有神，有骨架、內力、內涵、耐看。因此，歐美的古建築基本都是由曲三角形層層組成，中國的古典建築直接就用三角形。

　　故曲三角形是自然的產物，應該稱其為曲美三角形，因此我們的字若要更美，就要由方體向曲美三角形，也即向著人類發明字初始時的象形回歸，這就是書法的三角構圖法則。

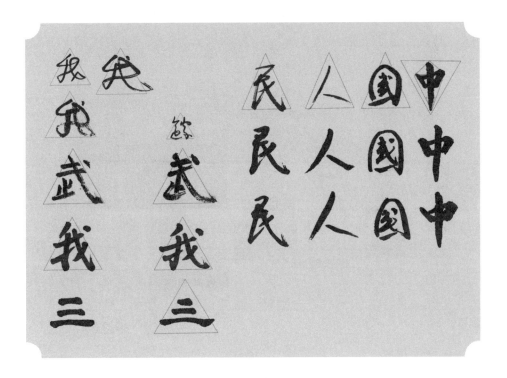

　　知理者向遠書之，也就是說結構按美學標準變形，或稱其為可以誇張的方向……三角形構圖，殘缺有理，歪曲有道。

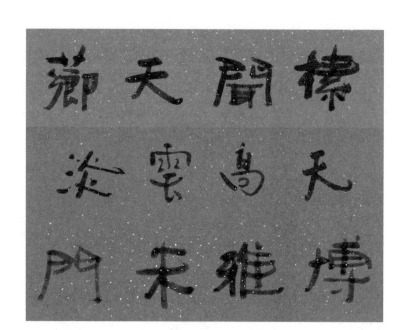

反之，就會弄巧成拙，"變成了江湖書法"。不單單是書法，比如北京的那個"褲衩"建築，就違背了美學原則，顯而易見讓人覺得不自在。

　　練習三角形的構圖形式的字，能促使人不迂腐、不蠢笨、不教條。能夠促進人的新陳代謝，靈巧、親人、懂變術、浸情。 反之，倘字如其人，一個人的字如果寫成方方整整，雖然也好看，卻如上所述：呆若木雞！

2. 十字構圖

　　紅杏落紛紛，芳香正回春。

　　殘雲卻白雪，十字定乾坤。

（描述一種境界）

正所謂：胸有十字書可亂舞。

　　人的肢體和器官都是中分對稱之美，十字不僅僅是美，更是字的尊嚴和精神狀態。因此在書寫過程中，懷中始終不忘橫平豎直和中心，不論寫成什麼樣，字也會讓人感覺到周正。

　　即：十字心，知十者亂而不亂也。

　　十字要求我們橫和豎垂直，中豎可向長發展，有一橫可加長，或者筆劃複雜的字，保持橫向、豎相互垂直延長。

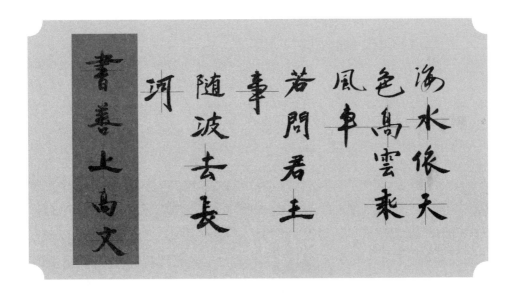

　　十字構圖依然是擬人的美，只要字擬人了，字就會更有神。 字由心生，懷抱十字心也是一個人的善良和正直的體現。練習橫平豎直，就能修練了一個人的正直、講誠信、守紀律，講原則，出污泥而不染的高尚情操。

3. 書法的對角錢構圖

　　風吹蘆高斜，遠遠天邊合。

　　大雁一行去，雲廊幾層階。

　　（描寫自然風光裡的斜影之美） 顧名思義，對角的連線，也叫斜線構圖。

在人們的生活經驗中，斜線引伸你的視覺，讓人能看向遠方。只要向遠望去，一面水，一面坡，一條路，一行大雁，都是斜線。所以斜線讓人通快、變化、淋漓、開闊、空間、愉悅！ 斜線好比詩詞中的一個仄韻。當然兩個相對斜線形成三角形構圖。

4. 書法的黃金分割點構圖

天高水淨湖，淡淡雲飛浮。

曠野繁星聚，江河又日初。

（描寫自然平面的點綴與變幻）

黃金分割點共四個點，即：矩形的長和寬三等分，長和寬的等分點連線的節點，叫做黃金分割點。其原理是占三點空一點，也有占二點、占四點的。

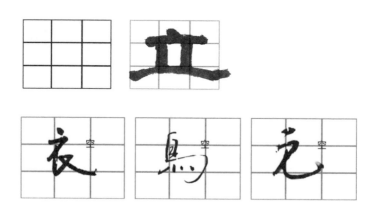

利用黃金分割點讓人感覺與眾不同，來者有意，一枝獨秀，紅杏出牆，事出有因，回味無窮，引人遐思，幻有幻無，撲朔迷離之感，其字歪斜有理有據之。

5. 書法的S型構圖。

回歸自然，無限柔美。

原始森林是我們祖先的家，彎曲的小溪，蜿蜒連綿起伏的群山，迴旋委婉的鳥語，攀升圓滑的藤木，層層疊疊、彎彎曲曲的樹木，無不體現曲幽之美，那是自然之美。然而如果生活在森林中的原始人，突然發現有樹枝折斷或有非自然的地面凸起，一定會驚覺起來，經驗告訴他附近一定是有大型動物出沒，因此我們現在人看到折線時，就會有不適的感覺，還是祖先給我們大腦裡的遺存。

明白了這個道理，我們臥室就要少用折線條的裝飾，多用曲線來勾勒，回到家裡會感到優美、安全、舒適，這就是S曲線的常識。

那麼我們人體幾乎所有的地方，都是由S曲線構成的，男人更喜歡女人的細腰、突起的乳房和臀部。

什麼是S曲線在字中的體現呢？

當然，首當的是行書、草書。

但更讓人忽略的是筆道的S構圖。

草書的根本就是把漢字S化了！

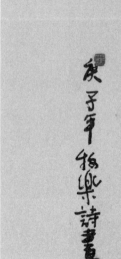

　　練習S構圖：讓人更加珍惜彼此相愛，浪漫、熱情、溫文爾雅，自然活潑，具有豐富多彩的想像力。

四、書法的秩序定律：70、20、10定律

　　正所謂：謀全域者，知一域也！納全紙者而知一筆哉！

　　舉例：簡單地說為什麼西服好看，百分之七十是外套（一種顏色和布料），襯衫是那百分之二十，領帶就是那百分之十。

　　這就是我總結的黃金搭檔，領帶就是萬綠叢中的一點紅，禮服就是暖色調包圍襯衫的冷色調，反之也成立。

　　舉例：一個人身穿一套紅色衣服走在大街上，讓人覺得非常一般化。然而如果是十幾個人同時身穿一樣的紅色套服，看起來就非常壯觀和靚麗，這就是秩序的美。當我們看到一個裝修，不斷的重複一種風格，一種顏色、一種線條的時候，就感覺特別專業和美觀，如中國和歐美的建築和

裝飾。

　　我們往往最怕的是在裝修房子的時候，主人像打補丁一樣，這塊要歐式風格的，那裡又要中式復古風格的。這塊又選現代風格的，結果房子裝修出來不倫不類。錢花了很多，房子變成了修補過的一樣。傢俱的顏色和種類更是購買得各類不同，所以不論裝修，穿衣，畫畫，攝影，書法，音樂，舞蹈，都會有同樣的重複秩序，重複秩序至少百分之七十。

　　秩序的種類：文化秩序、元素秩序、顏色秩序。

　　在書法中有的人用一樣的撇，一樣的型，尤其草書用一樣的起伏，形成了70獨特風格，20不同，10特殊。

　　一個字裡有相同的東西，整個畫面的字有著一種統一，這就是秩序的美學定律：70、20、10。

　　給人一種，一氣呵成。自然流暢，氣勢磅礡。

　　比如：桂林的石林也就是一樣的石頭形狀，再成片成堆。

　　一樣的波浪就是壯觀的大海，一樣的沙丘就是壯觀的沙漠。

　　世界風光那個又不是重複的山巒、水系呢？就是普通的梯田、民宅重複到成千上萬的時候，也成了壯麗的自然奇觀！

五、書法的陰陽調和

　　人與其它哺乳動物生理特徵和習性基本相同。動物也會有發明創造，團結友愛，母子情深，求愛、夫妻之情，甚至捨己救人等等。

　　但唯一不同的是，人懂得哲學，懂得藝術，人之所以比動物文明、進步，更精靈也在於此。

　　所以如果我們一生一世，不瞭解點哲學思想和藝術，就白來了這個世界，人又與動物有何區別呢？！

　　陰陽調和理論是我們老祖宗最早發現的。它涵蓋了所有的世界當今哲學思想，是宇宙運行的法則。任何人的不理解和不承認，都是偽科學或懵懂的淺科學。我寫有一本專為之科學研究的書，在這裡不深說了。

我給總結和更深層的揭示為：宇為二物也，二物相對之，互補新生矣。

大慨意思：宇宙萬物、萬事，不論抽像的，還是具像的，都是由兩種物質或形態組成，兩種是相對的，也就是說相反的。互相補充，也就是說你追我，我追你，物質總量增長了。

無論是宏觀星系還是微觀的正負電子，都遵循這個原則。 比如：在我們人身上，兩個眼睛、鼻孔、耳朵、上下唇、牙齒、手腳，就是連人體也在中間位置有分界線。

比如：所有的種子是由兩部分組成，發芽更是由兩片葉子開始，左右不斷的生出就長大了。

因此書法怎麼能離開二元的調和呢？離開了二元的調和就失去了自然法則，當然字就不會自然了，離開了哲學就離開了文明。

不論是什麼領域，大藝術家，一定是大哲學家，所以高深、極致的藝術作品，一定隱藏著哲學道理。

下面我們一起研討一下字裡的陰陽平衡，如：一個筆道有粗有細變化，才像自然界中的樹枝，粗細變化就是陰陽變化，如果筆道像方子木一樣整齊，當然不自然。如圖：

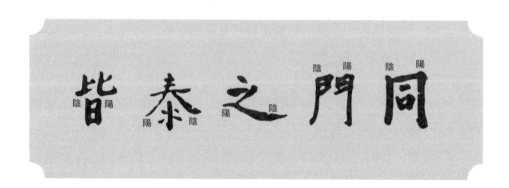

　　一般左右結構的字是：左小右大，左撇短而尖，右捺長而寬，形成對應互補。

　　還有上下結構的：上小下大，上大下小如圖示：

　　更明顯的是兩個點在一起的時候，正好是陰陽平衡圖。如圖所示：還有二橫、二豎互相平行卻一粗一細，形成二元。

　　總之書法裡的陰陽平衡：大小、長短、快慢、動靜、上下、左右、高低、粗細、虛實、具像抽像、方圓、幹濕、濃淡、疏密、肥瘦、肉骨、歪正、美醜、拙澀甜麗、委婉直訴、剛柔、遲鈍鋒利、澎湃平靜、分分合合，酣暢淋漓與幽雅含蓄，大墨去荒，仙墨無蹤，在有與無之間反復回蕩。

　　陰陽之筆，其重複疊加的越多，藝術境界就越高深、奧妙！字就更讓人耐看。

　　也因此正所謂“大家”書寫作品時，不挑筆和紙的原因，也就是順其自然，隨彎就彎，哲大於情，情大於律，律大於修飾。

　　一部好的文學作品必須有愛恨情愁，大悲大喜，跌宕起伏，石破天驚，有驚無險、一髮千鈞，有男有女，陰陽互補，愛的死去活來。書畫藝術更不另外！ 當然書法藝術裡還有更多的陰陽調和，有待於你的發現和創造。

六、書法藝術是自身藝術修養的流露

一年絕對長不出老山蔘，要善於換各種紙、墨、筆去練習，適用於各種場合卻不變根本。

有的人用自己最得意的筆和紙，這都是不成熟的表現，練帖的功夫沒有三年以上時間，絕對不會寫出好看的字，這個時間點非常重要。同時也異常的枯燥，也正是這種枯燥乏味，可以磨練自己的性格，也就是這個時候，會有百分之九十九的人失去了耐心，放棄了樂趣。書法首先修的是孤獨寂寞，能耐得住性子。

什麼叫一腳門裡，一腳門外呢？出來進去，進去出來呢？ 一般熟練掌握碑帖後，一定要走出碑帖。然而此時此刻，卻會有百分之九十九的人走不出來。

正像上面所訴，你把維納斯雕像複製到一模一樣，又如何？複製永遠不會成為藝術家，是工匠、畫匠。

所以帖臨到一定成度，要自己探索走自己的路，走出去，離開了帖跑一跑，然後再回到帖裡。這個時候被稱為“扎猛子”。以前練帖叫練習游泳，這時候叫潛水，反復幾次叫出來進去，進去出來。我當年“回爐”再造的時候，整整用去了半年的時間，把帖裡的字重新研究，研究原創作品人的運筆用力和心境，研究每個字的筆劃，細微的運筆動作、速度、流向，角度，峰轉。都寫的不差。最後把磨爛的帖撕了，筆折斷了。意思就是一定還要走出碑帖。

一腳門裡，一腳門外。就是把根深深紮在“地裡”，即：帖裡。

不管你走多遠要常回家看看“平時要注意回到帖裡寫一寫“不忘初心，又不被帖框住“這個過程又會有百分之九十九的人走不過來的。 所以書法很難、很少能成大家的原因。

有了這些基礎和手段，就看一個人的玩功了。 比如：有錢人玩高爾夫，百姓無聊的打麻將。比喻不一定恰當，但我想闡述的是一個人有沒有生活情趣、詩情畫意、愛恨分明、瀟灑自如的情懷，否則其作品很難再發展下去。

這個時候拼的不是寫字，而是與寫字無關的高雅修養和人品。反過來說，相由心生，也可以說成，字由心生。一個懦弱的人和一個剛毅的人寫的字肯定差距很大，看一個人的字能看出來這個人的身體健康狀況和性格。韓天福先生，就出了一本字與人的性格和命運的一本書。

怎樣練就人的修養呢？那就是缺什麼學什麼。缺灑脫，就脫離自私、欲望。多學點宇宙知識，歷史，學習哲學思想。比如陰陽平衡等等。

膽怯的人多探險、登山運動員，缺愛心就多去孤兒院，缺慈善就多和僧人一起念念經，缺詩情，多聽現代流行或古典音樂，多朗誦詩歌或創作詩歌，自由詩也可以。　缺情感多跟異性交朋友或喝酒，多和具有高雅、高尚、瀟灑、幽默的人在一起，潛移默化。總而言之要改變自己的生活狀態和心境。

書法人更要理解所書寫的文字內容，比如一首詩詞歌賦所釋放的情感，書法與之相吻合，也就是對詩中內容或心境的再創作或展現，詩、書、畫的一氣呵成。

七、書法的返童：大師化。

自然、幽默、詼諧、自如、忘我、裝傻、無蹤。

這裡最重要的是"裝傻"。

這樣說會很多人會質疑？

談到這我們不得不談到趙本山的小品，有些人認為他的作品不夠高雅、有點庸俗。請問世界藝術大師卓別林是不是在"裝傻"呢？畢卡索的作品是不是在"裝傻"呢？最好的相聲那個不是在表演裝"無知"、"裝傻"呢？

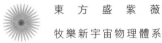
千萬不要低估趙老師的藝術天賦，他可不是土了土氣，靠逗樂取笑的一般演技，何況趙老師本人智商、情商特別高。卓別林、畢卡索又讀了多少年的書呢？知識不等於智慧和藝術。他的作品具有是中國傳統相聲的幽默，結合了、東北傳統中的潑辣表演。而抒發出來的藝術，他是中國當代的卓別林，也就是說滿面裝傻，滿嘴童言，純粹的人不知情。

再看讓我們口口相傳的詩詞，無不接近童謠，沒有童話沒有"不知"，沒有"裝傻"，請問哪裡來的幽默、詼諧。所以任何藝術門類，返童都是藝術昇華的最高領域。

什麼是無蹤呢？

望我也就是忘掉自己的軀體，軀體都不在了，哪裡還會有什麼規律的顧忌呢？其實就是修練自己的靈魂出竅，離世脫俗的氣質。

在什麼時候人有靈魂出竅的感覺？在登山極度疲乏的時候，在飲酒快樂的時候，當然在病危的時候，在夢裡！

一個自然人在平時細心慢慢地覺察和體驗，尤其在想寫的東西的時候千萬不要錯過。

首先你要相信它的存在，更多的是相信預感先知的存在，找到人的預感才能找到靈感，找到這種感覺和幸福狀態時，去書寫作品。

靈魂出竅，不是迷信，即靈感不是常有。它是人類未知的更細小的，微粒生命體，物質微粒無限細化，永無盡頭。現在的人類有限知曉，是人類未知科學、邊緣科學、模糊科學，它是唯物主義，物質存在而並非迷信。

傳說孔子拜訪老子的時候，老子正在休息，當看到了老子非常人的睡面，脫像至如死一般的表情，孔子感到驚愕不已，後來問老子得知，老子是在做功修靈，讓靈魂出竅。道法自然，回歸初胎之端倪，因此而其健康長壽。

有鬼鬼怕人，無靈靈叫門。

祈天萬物事，待到修童貞。

説句邪乎點的話，孩童時期是半人半靈之時。

也就是説靈魂沒有完全歸入人體。

可惜最純真、半仙時期，兒童沒有學習知識的過程，也不懂一些規律，更沒有練成什麼功夫，但是長大後學習了本領，再回到童真是很難的，幾乎微乎其微，萬分之一都不到。

觀世之間，幾百年才能有一個出類拔萃的藝術家，就在於此。

總而言之，書法藝術：

1.刻苦練習，拿握美學。

2.哲學知識。

3.人的天賦（人自己有的性格、品質）。

4.後天改造的性格、品質。

5.最後修靈的功夫。

其五項缺一不可。

故石之遍野，奇之幾何，一切藝術的巔峰，只有返童才能達到，返不了，就成不了人間的頂尖高手。

然而，但凡世間，人何需流芳百世，亡後不知俗也，俗樂閨風，維一世之幽雅、灑脱不也樂乎！

花嬌月下影，落地窈窕清。

午夜雲來濟，仙姿墨無蹤。 量小非君子，英雄何懼處。

千秋有功業，天地乃大智、大德矣！ 石後依有石後記，日前更複日前新，天地初紅，英雄輩出，天機不可多泄之，致此而告終矣。

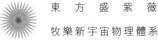

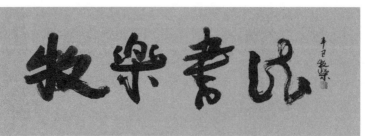

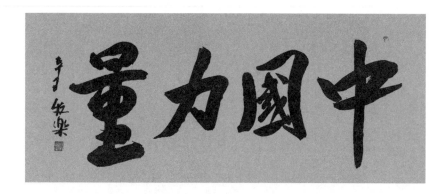

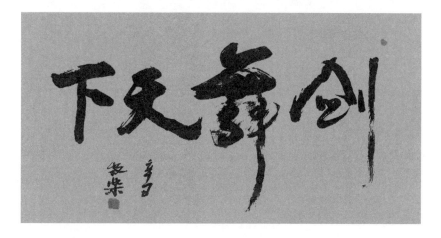

起崛之東

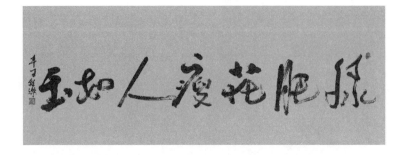

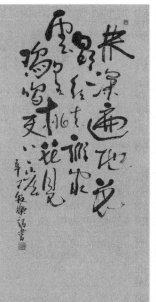

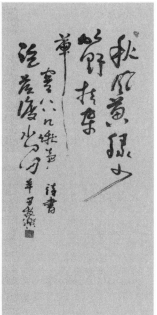

烏白流清樣聞天
鄉終有千千對絕
寒致沁芳昺殿雲
寨樓瓦陰陽皆象
星辰四季樹漫藤
疆悅悟昨別年少
蒼面若問何时歸
去立劍橫光天地
不顧日月爲藏形
神契合高遠有道
天綱仙墨無蹤大
墨去荒宛宛如千里
峭增磅碑決決

烏白流清樣聞天
鄉終有千千對絕
寒致沁芳昺殿雲
寨樓瓦陰陽皆象
星辰四季樹漫藤
疆悅悟昨別年少面
蒼若問何时歸去立
劍橫光天地不顧
日月爲藏形神契
合高遠有道天綱
仙墨無蹤大墨去
荒宛如千里峭增
磅碑決

| 16 |

牧樂與風水

　　遂茅蓬兮自樂，高堂兮濟樂。斯枯兮，斯滅兮，斯不糟兮！仕當水逾狹隘而滔滔兮！水落千丈而洪洪兮！曲曲彎彎而入海兮。途僕果兮！

　　故餘夢：午夜醉愚歸，天明我是誰，新愁一場夢，舊惡雞鳴飛。

一、 地理風水

1. 坐北朝南，避北之寒，吸南之光。

　　房子為什麼最好是座北朝南，後面有山就叫靠山，山越高越好，前面能見到水雲天，能望見的風景越遠越好，其實這不是迷信。

　　冬天的時候後面的山，可以避北來的寒流，面朝南，室內陽光充足。其實這也是人類祖先給我們遺留在大腦中的記憶，遠古時代人類都會找水源近的地方居住，喝水方便。若是洪水來的時候又能上山躲避，上山能打野豬，下河網魚，而且天天看著水源，心裡有保障，於是心情愉快！心情愉快人就健康，因此是好風水。

　　反之背面有水，水是動的，誰都不喜歡腹背受敵不安穩，前面又看不出去，出門時將要颱風下雨了都不知道，所以風水不是迷信，講的是安全，受宜，心情愉悅。

2. 為什麼説無論是陰宅、陽宅，最好的地方：一水，二土，三細沙。

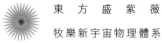
最好的地方就是一水，水指的不是住在水上，而是地底下潮濕。地下不太深的地方有水，因為水分子可吸收來至宇宙及地下岩層的輻射。第二吸收輻射能力的就是黃土，所以過去的帝王將相的寢宮，都建在有黃土的地方。我們也納悶，過去風水先生是怎麼知道來自宇宙和地下的岩石有輻射呢？三等的地方就是細沙，在過去人們家中老人去世，土葬時挖下葬坑，那要是一搞頭刨下去，遇到岩石就糟了，為什麼呢？講迷信說不能再換地方了，如果再換一個地方，那你家還得死一個人，所以遇到岩石了，再難挖也要挖下去，不能再換地方了。

如果是陽宅可以再換個地方，因為地下直接是岩石，輻射會直接對人有影響，輻射讓人煩躁，還容易得癌症，所以有的人得癌症了，立刻就換一個居所，包括傢俱也不要，以前吃的東西統統不吃，就是在尋找自己得病的輻射源。

凡岩石都有輻射，岩石擠壓更會釋放電流，結晶體或礦石輻射就更大了。因此不宜在巨石旁或地下是岩石或斷崖旁定居，斷崖的不平衡輻射就更強烈了。

舉例：地震前兆是地殼開始運動，擠壓岩石，於是產生了放電，即地光，由於產生地下電流，於是動物在地震前產生騷動等自然現象。

因此斜崖、斷崖、絕壁周圍，由於壓力差而產生了更大的持續性放電，所以絕壁上下都不宜居住，如果在斷崖之上蓋房子，古人有斷子絕孫之說。

上面談到買房子之前要看一下周圍是否有岩石？地下結構中是否是層岩？所有的岩石都有輻射。

然而更大的人為危險就在你身邊，卻全然不知。有這麼一對夫妻，從農村長大的，生活非常困難，經過幾年的創業有錢，到城裡買了套房子，裝修房子採用了很多大理石，然而還沒等一年的功夫，男士得了癌症，一命嗚呼走了，沒過多久女主人也是得了差不多的病，也撒手西天了，沒幾年夫妻雙雙把家還，最後一查原來是家裡裝修的大理石輻射超標，奪走了兩個年紀輕輕的生命。

凡事大理石和瓷磚，多多少少都有點輻射。所以在裝修的時候，常呆著的地方儘量不要用理石、磁磚裝飾。不像裝飾材料的污染，過一段時間也就釋放沒有了。這理石可是一個禁地，永遠地向你輻射，天天勸你去天堂啊！還有一些奇石收藏者，放在辦公室的、客廳的奇石，連臥室裡都是奇石，身上帶的一些裝飾品、擺件、工藝品等等。還有人患病以後，發現樓房的鋼筋水泥裡有微量輻射源。唉！那就得悄悄地換房子了，可是下一個買房子的主人還捉摸著這房子價格也太合適，可撿到了一個大便宜，其不知下一個就輪到你，你可就要撒手人寰了！

3. 你有萬貫家產，也不如買一套伴水伴林的房子。

因為水會吸收來自宇宙輻射和地下的輻射，還不斷的釋放負氧離子，還可以調節日夜溫差。

舉個例子，俗話講你升官發財了，那一定是人家祖墳上冒青煙了，這句話到底是從哪裡出來的呢？

誰見過祖墳冒青煙呢？世上還真有這回事，其實在晚秋時節，天氣突然冷了，就會看到湖面和水面上有一層白霧，這是因為溫差造成的，有的人家的祖墳下面有水，趕上天氣這麼突然一冷啊，青煙就冒出來，所以祖墳冒青煙的現象不是迷信，是一個自然現象罷了。

但是這土下面有水，也就是說你爺爺的屍體泡在水裡面，怎麼就會影響孫子的運氣呢？這是一個未知科學。這陰間的事在這裡就不探討，還是說說陽間吧，你的房子依水傍林，即可亨受美景又有充足的氧氣，還能減少輻射。

　　為什麼說房子旁邊栽幾棵樹好，樹木能吸引輻射，還能釋放氧氣。但是如果樹太多了，就陰森了不能住了，因有攀藤借光之，陽光不能明媚，室內沒有陽光，人體補不了鈣啊，你要是缺了鈣，那你這大老爺們就什麼事都幹不成了。那為什麼前不栽楊後不栽柳呢？其實這就是人們的感官和美學。楊樹長大後像幾個大柱子似的，直挺挺的，看起來不得勁啊！要是放在家裡的後面當靠山還可靠點。

　　楊木勾勒出來的是豎直線，而柳木勾勒出的是優美的曲線，風一吹嫵媚動人、儀態萬千，這就像老闆往那一坐，後面站著幾個大力士保彪。前面有幾個小美女給老闆跳舞蹈，風吹楊柳花啦啦地響，反過來幾個小美女，上老闆的後腦勺子去跳舞，前面站幾個金鋼式的保彪，這是唱的什麼戲呢？

　　前不栽楊還有一點，就是楊樹到了一定年齡，枝幹會腐敗墮落傷人，所以古人有道是前不栽楊後不栽柳了。

　　那這桃樹到底栽在家裡的什麼地方？你家的那口子才能不出問題呢？

　　第一，桃花園中皆桃花，大門不對外桃花。意思是：你若種桃花不能只栽一棵，而且不能正對著大門外，不要一出門就遇上桃花，如果你是單身的那就太可以了，想找還找不著呢！

　　在園區內可以到處地種，越多越好。種它一大片，回到家裡你怎麼犯桃花運都行。有一次在一個海島上的一戶人家，是個單身漢，娶了好幾個媳婦，都跟別人跑了，一個也沒留住，我一看院牆外面全是桃樹，院裡卻一個也沒有，我告訴他趕快把外面的桃樹挪進來幾棵，所以桃花樹別種單棵，儘量成雙成對地種，而且種在院子裡面。

4. 買房子千萬不要買被水或馬路向外捌的房子，還有看走水的房子。

　　這是因為一旦洪水來了或者車輛失控，洪水和車輛都會沖向外捌的一方。最好的風水是後面有山，前面有水懷抱著，像一個餵奶的母親，懷裡抱著一個嬰兒，但是最最講究的是，在屋裡看到的是來水、來路。古人講水就是財富，來水就是來財，其實這是與人的心情有關，經常看來水方向，人就會有滿足感。足而樂，樂而生財，失而衰，衰而生禍。

你坐在室內天天看走水，會伴有失落感。有失落感的人，在判斷事物的時候或做決策的時候。會不自覺地誤判，所以年輕人千萬不要唱"滾滾長江東逝水"，年齡大了就無所謂了。

所以買房千萬不要買外捌子房，看走水的房子，千萬不要上了賣房小姐姐的當了。

5. 俗話講兩山夾一溝，輩輩出小偷，兩山夾一崗，輩輩出皇上，買房子倒找你多少錢，也不能買兩山夾一溝的房子，這是為什麼呢？

也就是說無論是陰宅、陽宅都不能放到大山溝裡。

其實這主要是因為，出於山洪泥石流的危險，山洪暴發不是老有，你平時看不出來，還以為依山伴水呢？其實天降大雨有十年一遇，二十年，五十年，百年一遇的，也許你這輩子都遇不上了，可是你的孩子們呢？所以買房子是為了安居樂業，可不能賭。我賭它五十年不發大洪水。

兩山夾一溝如遇上大地震，山上的落石比山洪、泥石流更危險，有如在你的頭上懸了一把劍，時時刻刻都將你抹掉。有人問了，那麼陽宅是這樣子的，那陰宅為什麼和陽宅一樣呢？這怎麼解釋呢？在這方面的事，牧樂有五個關於宇宙的物質運動定理，格物致知，我們的空間與另類生靈空間相同。

6. 什麼叫左龍右虎的風水呢？（如次頁圖）

如果大家記不住，請看沙發的左右扶手，沙發的後背就是大山，這左面如果有個小山頭就是左龍，右面若有小山頭的話叫右虎。這兩個地方是

　　最好的風水，陰陽宅若是定在這兩個位子，後代不是龍就是虎，到底後代能否成龍成虎先不提，實際是在這兩個位置比較安全。

　　一旦有山洪泥石流暴發，就會從這小山頭的左右兩側流走，高出部分不易受災。

　　還有一個所有的風水先生都不説的秘密，這個秘密風水先生絕不會告訴你，也就是説最最準確的龍眼位置，往往告訴你的會略偏一點的，因為傳説天機過於洩漏，會折自己的壽，殃及自己的身體健康，所以今天我也是冒著風險告訴大家，這最好的位置是：

　　請看圖中的標記，切記好了，在小山頭上周圍找略低點的窩型，又在這窩型小環境中找到最突起的地方，這地方就是所謂的虎眼、龍眼，請記住了大環境找前瞻後靠，中環境找低，小環境找高。

　　紅杏出牆是怎麼回事？樹又不能高於房子又是怎麼回事呢？

　　其實過去的大姑娘、小媳婦的，講的是大門不出，二門不邁。你家的杏熟了，又長到牆外面去，甜瓜梨棗的誰見了誰咬，那就會有人去摘這個杏，一摘這個杏一不小心，往裡這麼一看，就容易與你家的女人勾搭上了。這都是過去了，現在都不用見面，一個微信笑臉就勾搭上了，所以現在就不再講究紅杏出不出牆。

那樹不能長過房屋又是怎麼回事呢？

這也是過去的事了。過去的房子都是瓦蓋的。有人爬上樹，再由樹上下去，揭開房瓦不就想拿你家什麼東西就拿什麼了，其主要是防盜。現在的房子結構都變了，從房子頂上小偷根本就進不去，所以樹高過房子也就不講究了。

房間的感覺：

就是你乍一看，一進入這個房間的時候，都會有一點點感覺。這一點感覺誰都會有，有的人強烈一些，有的人少一些，如果是有一點陰森，不祥的感覺，或者有那麼一點點彆扭，這房子就不要買了。老話講，這房間裡可能剛剛死過人，甚至是冤死和屈死的。曾經有過一個案例，夫妻倆人旅遊來到一家賓館，女人打一進入房間，就覺得哪地方不得勁，要求換個房間，男士說這房間多乾淨整潔，快點休息吧？明天還得早起，然而女人躺在床上怎麼也睡不著，總覺得有些異常的事情，忽然發現床頭燈座上有那麼一滴血。雖然已經乾涸了。可是也算時間不長，這是怎麼回事？女人這就更睡不著了，找到了酒店的服務員，打開所有的燈，仔仔細細這麼一看，還有幾個地方發現了血跡。再往床下一看，嚇死人了。床下有一具剛剛被害的女屍，一對夫妻是連滾帶爬地跑出了房間報了案。

這個案例告訴我們，人的感覺不是無緣無故的。這種感覺真是來自很短的一瞬間，如果你來到一個陌生的環境，剛剛走進房間的一瞬間，如果感覺很通暢、蓬勃、溫馨、舒適、釋放一種歸宿感、溫暖、靜謐感，那這個房子准沒錯。

反之燥動、不適,不平穩,更有一鐘莫名的陰森感,一定是有異類生靈生活在此。這房子便宜多少錢也不能買不能住。

買房子為什麼不賣對著醫院大門口的?

這是因為人的心裡因素,也就是説天天對著醫院,看著來來往往的病人,時刻提醒自己,我是不是也患病了,會影響自己的情緒,情緒不好,久而久之自己非有病不可。

這就像是你去醫院看望一個病人一樣,總怕自己也得病。

如果是參加了一個葬禮就不一樣,自己會想什麼呢?我還很幸運啊!他們都死了,我還活著呢,太好了!我接下來要好好的珍惜自己,所以心情反到知足、珍惜、快樂。

所以老話説無論是在夢裡還是現實,遇到葬禮是一件好事,遇到婚禮唱歌跳舞反到不好,就是這個原因。

所以對著醫院門口的房子多錢也不能買。那麼如果你家的房子就是正對著醫院,搬也搬不走應該怎麼辦呢?如果你有信仰就最好了,有信仰的人就不會胡思亂想了,自然也就破解了。

買房要先看:是否曾經是廢棄的礦區,礦石填埋區,舊化工廠廠區,以及周圍來風處是否有污染?

地磁感應:高壓線下,信號源,不宜久居。

風口之處,雷電易引處,有回音壁之處,也不宜居住。

看水源之上有無污染,水往下行,會帶來污染。看風向,來風方面有無污染,是否會飄落汙物。

當瞭解了一個地區常年的風向,就知到在城市的那一頭最好。

二、室內裝修風水：

年輕人室內不放異性名星的照片，因為年輕人性欲強，就少一點刺激！老年人正相反，而且還可以有點曝露的，有宜荷爾蒙分泌，有宜健康。

鏡子不對床，衛生間不對臥室的門，床頭床尾不對著門。放屍體才能順門口。

你躺在床上，臉最好朝窗外，如果是辦公室，辦公桌的後面一定要有靠，靠也就是牆。面對門或者窗外，如果是看走水的房子，就不要面對窗外了。

裝修設計風水；

所有的房子門、梁不能歪斜，無論是住宅還是店鋪，門口的臺階不能過高，臺階數、門柱數的吉數是2、5、7、9、10、12、16、18、20。

做生意的人千萬不要養觀賞魚，養魚的幾乎沒有不破產的，養灌木圓葉，越大越好，幾乎保證越來越發，這與未知微粒有關，這裡不去細說。

店鋪或公司的財務門要小，室內越大越好，也就是說口小肚子大，寧要深，也不要敞。

房前樹寬葉為陽，細葉為陰。

並排的房子，西高不算高，東高一把刀

養大木主富貴，肥寬主財富，枯瘦莫進門。

不宜掛猛獸、猛禽、大山、斷崖、斷水、烏雲、急流、無生命跡象的風景、無人住的房舍等等的畫或者照片。

好的畫有：平湖、花海、草原、牡丹、祥雲。例如很多人掛老虎畫，會讓主人有凶事。

床頭上方少掛畫，對面空牆為佳，寧靜的畫面最好，現代室內裝修流行透視感。比如：大窗戶將戶外空間拉入房內。衛生間要隔斷好，透明或半透明、不設門都不好。

照片和畫的內容：自己的照片最好是面側，閉眼睛的更好，常看不累。

少兒宜掛美顏人像，人有適應生之的潛能，向目標形成，因此會越來越像畫中人。

比如：討來的孩子也像養父、養母現象。

採光好，明亮不會產生陰森感，陽光還能殺死很多病菌。

客廳可以大，睡覺的屋子要小，總體房子不能太大，空宅引鬼居。要通風好，陽光足，驅濕潮。

三、色彩與線條風水

這與人類大腦祖先留下的遺存有關，由於人的祖先生存在深林野外。紅色代表火、血惺、殺戮，藍色代表藍天、水和寒冷，所以這幾種顏色不宜採用，用了以後讓人不安穩。裝修的線條彩用自然的弧線，樹皮的紋理和顏色。綠色、土石色，比較安穩，容易入睡休息。反之折線直接讓人不安。這是因為常期居住在深林裡的祖先。見到了折枝或者突出的東西，一定是有大型動物出沒，一定有危險，所以住在這樣的房間裡不可能安穩。

總之，創建一種接近森林的環境。人類裡的遺存大腦資訊會感覺，終於到家了，特別的舒適、透氣、放鬆、安逸的感覺！

四、人文風水

風水當然包括一個地區的人文和物業及鄰居。為什麼在美國的黑人區、白人區房價天地之差。

物業做的不好，天天影響你的心情吧？一個低素質的鄰居影響你的正常生活吧，這些可比你屋內衛生還重要，住房選址最好我官、財、正通的人群居住的地方。

清晨清風飄香來，寧聽夜吟，不聽咒罵。才俊之君、美女之鄰，何不樂呼！

　　比如與你辦公對面有個美女同事，不但會刺激你荷爾蒙產生，而且心情好！人就會年輕，身體就會健康。反之陪伴在你身邊的是粗漢，惡婦，結果會如何呢？為什麼美國的黑人區房子不值錢，你甚至會有生命危險？種族是人類的事，風水和生命是自己的事。

　　因此人文的風水更重要，如果城市是花園城市，還是美女城市，能引來無數的投資者。

　　你選擇的地方一定要看風土人情，自然環境，水土污染，世界長壽村：巴馬 。自然資源有利健康，一方水土養一方人。

　　還有高血壓患者在三亞都會發生奇跡，當年有少數的知青與當地人結婚了，留在鄉下了，多少年以後結果與在城市裡生活的同學相比會怎麼樣呢？

　　人若是得了癌症更主要的是換地方，就像蘑菇一樣，尋找一個通風乾燥陽光明媚的地方。

五、人群風水

　　金木水火土，與個人生辰八字的互補。

　　職業產生修養，職業讓人年輕有氣質，世界上最易年輕的職業是和孩子在一起的工作，最有氣質的職業是藝術。

　　職業污染，造成職業病，職業緊張，造成心臟病。長期夜間工作的，影響身體健康與長壽，所以叫做職業污染，因此年輕人的職業選擇最重要。

　　如果你的同事十個人九個都吸毒，那你就是一個另類。如果語如髒水，不久你也一樣。如果特別文明，不久你也文明。如果你的孩子被這群人給污染了，那就更不合適了！

　　不同的國家有不同的法律，在不同的地區，做同一件事，有可能有罪，有可能得到讚賞，孩子一定有區別。

遠離有惡習的人

比如：吃、喝、嫖、賭、偷，愛財如命。

凡是有強烈欲望的人都要遠離，這種人容易作出過激行為，影響你和你家人的安全。

六、聲音風水

聲音當然是風水了，城市的噪音，你的工作環境是否有噪音，甚至你的同事說話聲音，鄰里擾民嗎？你的伴侶說話的聲音，是否是悅耳如歌，如春鳥唧唧，還是老秋烏鴉，潑婦罵街。有人說話就是多少分貝的噪音，直接侵害你的大腦，你家裡人是否和諧？有沒有酒後鬧事？脾氣暴躁的，這才是你的重要風水。

味覺給人帶來的風水。

你所處的環境是開滿鮮花的地方，芳香撲鼻，還是公車上的味道。就算是你的同事，有口臭嗎？你又必須天天與之打交道，或者是在公共場所遇上醉酒或吸煙者，你家裡人吸煙，你是二手煙，都會帶給你帶來不幸。在鄉下你的鄰居就不考慮別人，就把廁所、雞、豬舍建在你家的旁邊，這難道不是風水問題嗎？

當然最好知道己所不欲，勿施於人的道理。

七、廚房風水

病從口入：少肉少食，每日少餐。

1. 油煙要抽的乾淨。

2. 油、鹽、醬、醋、茶、酒最為重要，現在百分九十九都不是釀造的。

　　味精、雪白雪白的麵粉、打臘大米、激素雞蛋、魚肉、牛、奶，農藥殘留蔬菜等。

3. 一切保健品儘量不用，基本是止痛片和激素的混合物。

4. 化妝品幾乎都是激素和漂白劑、重金屬的混合。

八、時間的風水

　　時間差，也就是時辰。時間等於空間，機遇帶來的幸福和災難。

　　出生地，人在那個時代生存，出門看天氣預報。

　　生不逢時，雨雪天少出門。

　　人的運勢是波動的，要同運氣好的人在一起，要學會買漲不買落。你可以幫助有難之人，但不提倡和他們常在一起。可沉舟救人，不可長足也，言行何道乎？

　　諳佛無語而眾僧徒，廟堂無令而眾信伏。求者默言，聖靈不嘹而已應。其言立面敵，言盛餘枉，言大無敬，言平不崇，言低欲俗，言高不群，言屬結愁，言媚不實，嗟言多弊多，行多阻多。病從口入，禍從口出，出入皆危，斯當匿之。

　　茲焉曰：月上何問月下明，樓下何需樓上燈。

　　批則少，讚則多，語不言短，難者寡批之，警言重而不絮，諫言爭而不搏。大樹覆根，門楹少見，後庭止步。盛而不露，欲而不知，行而不跡。朝賞不知，朝黨無名，嫉者奈何矣。故隱言、隱行、隱情、隱欲、隱根兮。

九、國家的風水

　　一個國家的貧富、制度不同，國民氣質、文明程度，一眼就看穿了。

　　更決定你及家人的命運和生死存亡。戰亂的國家，貧富差距的國家。你做同一件事，在這個國家是正常的權利，你到另一個國家就是犯罪。

有道是：餘祥逢天府偶開，同仙風道骨慨歎，余神游傳於世。談崢嶸之高論，露太清，尋仙蹤，跨虹蜺。千里飛雪而窮極南天。杯飲四海，唇合天地。已斗膽驚悚，餘止終論。

餘謁紫都，供天地之大德矣。故吟詠：美人淚別婷，念你紅塵中。夢裡陰陽界，回眸是真容。曇花一現間，已是幾千年。你我約天地，承蒙再人間。摘自《牧樂「藝遁」》

十、孩子的風水

當種子改變不了的時候就改變土地。人與人之間的基因是有差異的，父母的基因傳給孩子，就是種子，同樣的種子在沙漠和充滿陽光的土地就會長出不同的莊稼，因此孩子的成長環境非常重要。

情商的培養

智商：理解快慢、記憶能力、學習吸收率，最後掌握了多少知識

情商：一個人的思維能力和格局空間，一個人的德善程度，一個人自控情緒的能力。在中國未來的競爭是情商的競爭，而不是智商。現在優秀的家長已經偷偷地開始培養孩子的情商了。

情商高的將成為：政治領袖，商業領袖，即使是一個普通人也會快樂、健康、長壽，命運好卻永無災難。

舉例：情商低的現象

1.在中國的現象：學習成績高，成績排名前20名的學生，等到20-30年後，這些學生幾乎沒有取得成就的。原因：中國是應試教育，太小心翼翼的人，地面上有一根針都會撿起來的人，長大後適合當會計，當不了領導，當不了大科學家，更成為不了藝術家。

2.未來公司競爭，說到底是人才的競爭，培養人才的困惑，就是情商不夠，受不了壓力，說不幹就不幹了，公司無法在他身上投資，誰都認為

會有風險的。還是因為從小到大都沒有受過委屈，或者受到傷害。長期在優秀的讚美之中生存，長大以後略有坎坷就想自盡，中國的孩子缺少的是野養、放養，從事的工作都不是自己天生適合或樂於從事的職業。

3.官場的競爭更是情商的競爭

何為功高之危乎？

夫載大功而岌岌矣。功而勿享，大功逸隱焉。儻自恃功高階陛不禮，御前箕坐，私勢過君，勢政欲邦。況君迎城下，焉傯蹇於馬上。受財田兮勿封侯兮。受封侯兮快歸田兮。僕焉欲過權之，大功當棄之。君遭迴兮，仕危矣。摘自《牧樂「僕國」》。

即使，爬的越高摔得越重。

歷史：項羽、袁少、周瑜都有才華，但都是失敗者，另人惋惜的是歷史還在不斷的重複，至今和未來依舊如此！例如：

(1) 你願意把孩子培養成屈原嗎？

(2) 你願意孩子長大後成為一個糾結的教授？

(3) 不如做一個普通人，即懂事，又善良，又快樂，難道不好嗎？

(4) 更因為吸引力法則告訴我們，只要不快樂就會吸來災難。

(5) 厚德載物實際的意義是：有德之人有錢了是幸福，無德之人有錢了是災難。犯罪心裡分析：一般都是僥倖心裡，也就是頭腦簡單，我在做什麼別人都不知道，如果提前知道被人發現就不會去做了，情商低的人也叫耍小聰明。

怠者為食，燥者為獵

人的情緒波動，在憤怒中，智商會下降為零，懈怠了智商降低了。怎樣提高你的情商呢？

現在優秀的家長已經偷偷的開始培養孩子的情商了。

建議：孩子一定要多看幾遍《魯濱遜漂流記》、《三國》、《基督山伯爵》，這三本書分別讓你的孩子知道群體觀，吃苦耐勞、增加智慧、掘地反擊的能力。這些故事都是真實的案例，具有因果效應。不會像韓劇和西遊記都是杜撰的，非來自生活的，如果按照劇本裡的想法，就會偏離現實而變成了白癡或巨嬰。

即使孩子不聽話，父母或者周圍的人，也不要經常批評他，謾罵、責備、向他吼叫，這要比住在風水不好的地方糟糕多了，應該慢慢地教育或引導。

家庭成員的壞習慣更會影響孩子。舉例：酒局，憤怒局，負能量局，愛情局，抑鬱局，低俗局，賭局，官局，財迷局，毒局，騙局。

孩子也是這個社會的一分子，所以不健康的事情時時直接影響著他。

牧樂第一定律與《孩子的二物》

根據牧樂第一定律，孩子一出生就必須尋找到她的那個二物。在不同的年齡段有不同的二物物件，這個物件將決定她的情商的發育成長，決定她的未來，找不到孩子會非常痛苦，而且是唯一一個，找到了定律中的二物，孩子才有了歸宿，才覺得安全，否則長大後就會自卑、抑鬱、甚至暴力，靈魂是殘疾的。請記住這是宇宙物質的總定律，萬事萬物都會遵循這一定律。

1. 幼兒時期是父母或家庭成員。

2. 少兒時期是學校老師。

3. 青少年時期學校老師、同學。

4. 以後伴侶。

5. 伴侶與事業、愛好等等。

・第一階段：父母是孩子的二物，父母應該怎麼做呢？

從小孩、從爬行和冒話開始，每進步一點父母都無比的鼓勵和興奮，因此孩子進步特別快，一般家庭都做得很好，可是從第二階段開始，很多家長都做錯了。

・第二階段：思維打開階段。

問媽媽、爸爸這是什麼？那是什麼？月亮上面有什麼？宇宙外面是什麼？

此時是非常珍貴的，好奇心產生發明。蘋果為什麼會落到地上？牛頓發現了萬有引力定律。瓦特問壺蓋為什麼會動？他發明了蒸汽機。思維的打開是孩子未來提高情商、智商的基礎。

可是我們家長往往用簡單、粗暴、糊弄、編撰神話、嚇唬孩子。

舉例：《母親要生二胎的故事》；孩子說讓媽媽肚子上按個拉鍊，媽媽就不會太費力生孩子了，誰知未來也許會能實現的醫學嗎？科幻不都成為現實了嗎？可是這時家長一般都會粗暴的打斷。

・第三階段：孩子樂趣出現階段。

而不用你去培養。玩是孩子這個時候的天性，只可引導，不可打消和強加。玩樂和好奇是可以轉移的，由玩樂產生樂趣，由樂趣產生其他領域的發明，在這一時期家長一定要有耐心，世界所有的發明家都是這樣產生的。

可是我們一般家長都做錯了，認為玩物喪志等等觀念，簡單的家長直接就斷送了孩子的天才。

第三階段是保護孩子天才的最好階段，無論是未來發明和藝術大師都是這時產生開始的。

・第四階段：孩子與老師形成了二物。

1. 最相信的是老師，有的家長與老師爭二物，讓孩子產生痛苦，因為二物只能有一個，所以無法接受老師的知識，引發學習無趣。

2. 學校和地域同學群體很重要，老師更重要。

3. 家長無知的比較、指責、強迫寫作業，更抹殺孩子興趣學習的是無休止的嘮叨。

4. 因為讓孩子愛你才接受你講的話，才喜歡你的一切，才接受你的傳授。

孔子曰：生而知之者上也，學而知之者次矣。困而學之又再次也。

只要你緊緊盯著他，讓他學習，天天問天天督促，就破壞了他的興趣，你的指責、嘮叨，孩子腦袋裡面的磁場線，像割韭菜一樣，被你一把一把割沒有了。因為樂而生慧、樂而創新。野生才能出奇才，家長要有長遠目標，而不是眼前的考試成績，要有耐心等待的準備。

如果你想廢掉你們孩子，你就天天他對他說，好好學習，快去寫作業，考多少分，不寫完作業不能出去玩，只要家裡人天天這樣對著孩子說，那他的學習就變成了困而學之，永遠不會成為一流人才。

如果我小時候父母逼我學書法，我現在絕對不會成為書法家，所以只要是被父母逼著學的，長大以後都不會去繼續學下去。

5. 家庭是個局，產生自信、頑強的搖籃。

9歲以上城裡和鄉下的孩子沒區別？9歲以上，農村的就顯得蔫吧，城裡精神一些。

父母如果離婚會影響孩子的自信，夫妻吵架孩子難受，父母對社會的抱怨，都會影響孩子的心靈。

6. 《草齒於根，礪鋒介石》。

我講的理論不是緊盯在孩子身上而是孩子周圍的風水，孩子出生那一刻就像種子，當種子不能換的情況下，只能換土壤。

· 第五階段：12周歲以上的孩子。

這個時候早成熟的孩子，就會徹底不與家庭成員建立二物了。也就是說叛逆期，12歲已經開始有自己獨立思考問題的能力。然而，我們家長依然把他看做一個幼兒，想與之形成二物。這個時候孩子無比的痛苦，二物就像一雙腿，你非得給人家第三條腿，所以叫添亂，這時應該不做父母，只做朋友。

　　這個時候更不要懷疑、指責你的孩子，而是要給你的孩子一片藍天、一片綠草、一潭清水、一塊淨土，讓他感到回家見父母是休息、是快樂生活，並且經常帶他出去遊玩，傳授經驗用潛移默化的方法。

　　第五階段孩子已經與老師、同學形成二物，那麼一個好學校、一個好老師、一群好同學絕對影響他。

　　比如：10個人經常在一起玩，7個人吸毒，那三個人就成為另類了。還是10個人在一起玩，一個人吸毒，那一個吸毒者就是另類了。

　　因此，重要的是孩子與誰成為好朋友。

　　這個時候父母更要與孩子成為閨蜜。當父母與孩子成為好朋友了，孩子才會告訴你他的秘密，你才有機會指導他給他出主意，孩子敏感的事物請你遠離。

1. 對早戀的孩子，父母該怎麼辦？

　　告訴他多接觸一些異性朋友，這樣你才能知道什麼樣的人是好男人或好女人，反之未來造成痛苦或悲劇。一個女孩找一個男人多重要，是又一次投胎你為什麼不讓她體驗呢？

2. 喜歡的明星

　　不要去理睬，總之也就是父母不要過多干預他的私密空間。

3. 受到的挫折

　　受過挫折的孩子長大後不會輕生！

　　吃虧就是佔便宜，這是情商的重要體現，學會吃虧是最大的情商。我們長大後才知道，沒有吃過虧的人長大後都不出息。

4. 但有列外的就是當孩子出現生命危機的時候，你一定要親自去，誰也不要找，直接、簡單、粗暴。《德不朝癲，惠不贈懦》。《善水形樓，橫濤兵舟》。

　　舉例：我的外甥，我的兒子，在學校發生被同學搶錢的事，我是直接去解決的，以暴制暴，也只有這樣才能止住。

　　所以讓孩子養成吃小虧的習慣是最大的情商。

　　狼孩的故事告訴我們，孩子的成長不是教育是認知和影響，血的教訓告訴我們，未來不是知識的競爭而是情商的競爭。

　　因此，什麼樣的家庭環境，什麼樣的學校，什麼樣的同學群體，決定了孩子的命運對嗎？

　　所以我講的東西同任何理論學家講的不一樣，我們的注意力決不是盯在孩子身上，而是創建孩子周圍的好風水，讓孩子自由呼吸，自由飛翔。有了樂趣而產生的理想，產生的志向。

　　發現孩子的特長最重要，雞無法直接渡過河去，卻在橋上走的飛快。鴨子在橋上走得慢，卻在水裡遊的很快。選擇大於努力，適合與興趣就等於天才的偉人。決定和影響孩子的成長，不是孩子本身，而是影響孩子周邊的風水，當種子不能改變的時候，就改變土地。再好的種子如果沒有好土地也長不出來好莊稼。

　　請家長做我們該做的事，讓愛帶著樂趣給他一片空曠，帶著理想與自由讓孩子飛翔。

17

牧樂相學

　　綠蘋果酸，紅蘋果甜，骷髏眼蘋果必有蛀蟲。人無完人不可歧視。鐵、木、棉、沙不可反用之。知之莫重或擇之罷了。相決定性格，性格決定命運。器大小不一，負自有安排。儻任之，豈溢之。相當認知，不可不信之矣！貌嫉隱性之，乃假象也。儻利弊得失之間，便露之原形矣！看似東來實則西，真假難辨不知其。山突定有必然處。只因未到臨危時。　手亂紋者聰慧，簡紋者少知。橫紋斷婚拆，橫紋粗麻則情亂。縱紋斷命運則挫折，縱紋雙事業成，縱之長則事業長，指上縱紋者，老有事業，且富貴。指尖紅後裔興盛和富貴，手指肚特平無兒女，指尖平生女，指尖鼓則生兒。

《識人歌》

枯尖當鬼論，漏孔小人心。

頻嘴無君子，彎曲多惡人。

顴高鵝頭女，莫讓進家門。

矬子暗中計，半耳短志根。

大耳過愁岸，大臂盛漢秦。

十字定善惡，移位心不君。

嘴沫欲欺騙，滿口應流雲。

嘴角向下去，家人不安份。

嘴巴兩旁裂，無情無義真。

當看十分相，莫估半口文。

｜後記｜

　　此乃天宇尋覓于餘之，廣泛筆真。辛丑于天正開啟，直達無限。需後學者續而擴之，不可思議迷之。實則科技而有之，不知者言而無罪，倘歪曲範疇，天下異常。知者樂道且珍惜，無欲則天成之大業。餘之天下大同，博愛無限矣。世人無需嫉餘之。恍惚愚人在世一時，勞頓百褶，萬般無奈，俗身心餘無力，使命告終。若播及之時，餘已悄然歸森，杳無蹤跡。剩餘間與俗同樂，人間塵埃矣。

　　夫曰：落日向山低，牛歸人望西。蒼茫暮歸處，白鷺一行離。

　　夫複曰：

寒風吹過春自來，莫讓桃花嫉桃開。

一代佳人歸舊故，青山多處增新埋。

又逢春色漫山有，人不桃花心不芳。

若問仕途何處是，告老還鄉俱蒼茫。

天時草木花自開，未等寒消蝶自來。

何必紅塵沽名利，人間之怨為此災。

一場春雨一場埋，三日不見花欲衰。

風流盡在天高處，不做烏紗乘雲白。

枯木逢春依舊開，天下誰人不塵埃。

杯酒飲盡壯士淚，千古今朝最英才。

寒流滾滾盡開來，橫豎大雪千般埋。

樂看天下無風景，願聞千里一色白。

國家圖書館出版品預行編目（CIP）資料

東方盛紫薇：牧樂新宇宙物理體系 / 程洪軍著. --
　初版. -- 臺北市：華品文創出版股份有限公司,
　2022.09
　308面；23x17公分
　ISBN 978-986-5571-62-7 (平裝)

　1.CST: 宇宙 2.CST: 宗教哲學

323.9　　　　　　　　　　　　　　111012750

東方盛紫薇：牧樂新宇宙物理體系

作者	程洪軍
書法繪圖	牧樂
總經理	王承惠
財務長	江美慧
業務統籌	龍佩旻
美編設計	不倒翁視覺創意

出版者　　　　華品文創出版股份有限公司
　　　　　　　公司地址：100台北市中正區重慶南路一段57號13樓之1
　　　　　　　倉儲地址：221新北市汐止區大同路一段263號9樓
　　　　　　　讀者服務專線：(02) 2331-7103
　　　　　　　倉儲服務專線：(02) 2690-2366
　　　　　　　E-mail：service.ccpc@msa.hinet.net
總經銷　　　　大和書報圖書股份有限公司
　　　　　　　地址：242新北市新莊區五工五路2號
　　　　　　　電話：(02) 8990-2588
　　　　　　　傳真：(02) 2299-7900
印刷　　　　　松霖彩色印刷事業有限公司
初版一刷　　　2022年9月
定價　　　　　平裝新台幣380元
ISBN　　　　　978-986-5571-62-7